Photoshop

2024
中文全彩铂金版

室内设计
案例教程

钟子薇 路腾飞 崔婵婵 编著

U0244487

中国青年出版社

图书在版编目（CIP）数据

Photoshop 2024中文全彩铂金版室内设计案例教程 / 钟子薇，路腾飞，崔婵婵
编著. — 北京：中国青年出版社，2025. 2. — ISBN 978-7-5153-7574-8

I.TU238.2-39

中国国家版本馆CIP数据核字第2024QR0875号

侵权举报电话

全国"扫黄打非"工作小组办公室　　中国青年出版社
010-65212870　　　　　　　　　　010-59231565
http://www.shdf.gov.cn　　　　　　E-mail: editor@cypmedia.com

Photoshop 2024中文全彩铂金版室内设计案例教程

编　　著：钟子薇　路腾飞　崔婵婵

出版发行：中国青年出版社
地　　址：北京市东城区东四十二条21号
电　　话：010-59231565
传　　真：010-59231381
网　　址：www.cyp.com.cn
编辑制作：北京中青雄狮数码传媒科技有限公司

责任编辑：夏鲁莎
策划编辑：张鹏
执行编辑：张沣
封面设计：乌兰

印　　刷：天津融正印刷有限公司
开　　本：787mm×1092mm　　1/16
印　　张：13
字　　数：392千字
版　　次：2025年2月北京第1版
印　　次：2025年2月第1次印刷
书　　号：978-7-5153-7574-8
定　　价：69.90元

本书如有印装质量等问题，请与本社联系
电话: 010-59231565
读者来信: reader@cypmedia.com
投稿邮箱: author@cypmedia.com

Ps 前言

首先，感谢您选择并阅读本书。

软件简介

Adobe Photoshop 2024是由Adobe公司推广和发行的一款功能强大的图像处理软件，广泛应用于室内设计、平面设计、绘画艺术、摄影等众多领域。作为一款强大的图像编辑和处理软件，Photoshop为室内设计师提供了丰富的工具和功能，以优化和提升设计作品的质量。它不仅是图像处理工具，更是设计师的创意加速器。通过精细调整色彩、光影，增强材质质感，Photoshop让设计图更加逼真，是室内设计师不可或缺的创作伙伴。

内容提要

本书以软件功能讲解结合实际案例操作的方式编写，分为基础知识篇和综合案例篇两部分。

基础知识部分在介绍Photoshop各功能模块的同时，会根据Photoshop相关功能在室内设计中应用的重要程度和使用频率，以具体案例的形式，拓展读者对软件的操作能力。每章内容学习完成后，还会以"上机实训"的形式对本章所学内容进行综合应用实践，使读者可以快速熟悉软件功能和设计思路。最后，再辅以"课后练习"来加强巩固，帮助读者更好地了解Photoshop在室内设计中的使用。

在综合案例部分，笔者根据Photoshop软件在室内设计中的应用热点，有针对性地挑选了一些可供读者学习的实用性案例。通过对这些案例的学习，能够让读者对Photoshop的学习和应用达到融会贯通。

为了帮助读者更加直观地学习本书，随书附赠的光盘中包含了大量的辅助学习资料：

- 书中全部案例的素材文件和效果文件，方便读者更高效地学习。
- 案例操作的多媒体有声视频教学录像，详细地展示了各个案例效果的实现过程，能够扫除初学者对新软件的陌生感。
- 全书内容的精美PPT电子课件，高效辅助教师进行授课，以提高教学效果。
- 赠送海量设计素材，拓展学习深度和广度，极大地提高学习效率。

适用读者群体

本书面向刚接触Photoshop并迫切希望了解和掌握其基本功能并且能应用于室内设计的初学者，也可作为提高用户设计和创新能力的应用指南。适用读者群体如下：

- 各高等院校从零开始学习Photoshop的莘莘学子
- 各职业院校相关专业及培训班学员
- 从事室内设计和制作工作的设计师
- 对室内设计后期效果处理或图像处理感兴趣的读者

编 者

Ps 目录

第一部分　基础知识篇

第4章 图层和选区的操作

第5章 颜色模式和色彩调整

第6章 蒙版和通道

第7章 图像的修复与修饰

第8章 滤镜的应用

第二部分　综合案例篇

第9章　彩色平面图的后期制作

第11章　室内效果图的后期制作

第10章　装饰元素与室内设计的融合

第一部分
基础知识篇

　　在进行室内设计效果图后期处理时，Photoshop是最常用的软件之一，使用该软件可以为室内设计效果图进行调色、修饰等操作。基础知识篇将主要介绍Photoshop软件的各个功能在室内设计中的应用，如图层的应用、选区的应用、图像色彩的调整、滤镜的应用等。本书采用理论结合实战的方式，让读者充分理解和掌握Photoshop在室内设计中的应用。通过本部分的学习，为后续综合案例的学习奠定良好的基础。

Ps 第1章 室内设计概述

本章概述

室内设计需要根据建筑物的使用性质、所处环境和相应标准，设计出符合人们需求的生活场所。本章将对室内设计的概念、作用及意义、效果图的表现概念及其表现工具展开介绍。

核心知识点

❶ 了解室内设计的概念

❷ 了解室内设计对现代生活的作用及意义

❸ 了解室内设计效果图的表现概念

❹ 了解室内设计效果图的表现工具

1.1 室内设计的概念

室内设计是指对建筑物的内部进行设计，即根据对象空间的实际情形与性质，运用物质技术手段和艺术处理手段，创造出功能合理、美观舒适、符合身体与心理需求的室内空间环境。下左图是卧室空间设计效果。室内设计的主要内容有空间设计、装修设计、陈设设计、物理环境设计四个方面。室内环境类别主要有住宅室内设计、集体性公共空间设计（学校、医院、办公楼等）、开放性公共室内设计、专门性室内设计等。集体性公共空间设计效果，如下右图所示。在进行室内设计的过程中，需要遵循功能为本、环保的生态观、动态可持续的发展观以及艺术化的创造等原则。

（1）功能为本

室内设计的根本目的是让室内环境为人服务，涉及安全、舒适、便捷、卫生等使用要求。在进行设计时，首先要考虑的是不同房间的使用功能，比如每个房间之间的布置关系、家具的选择和摆放位置、可通行区域、照明设计、通风设计、采光设计、设备安装、绿化布局等。现代室内设计需要符合人们的身心需求，综合考虑与处理人与环境、功能、经济等关系。因此，在设计实施的过程中会涉及到人体工程学、装饰与施工材料、家具电器设备、舒适度与审美性等方面，需要结合客户的要求与生活习惯进行设计。下页左图为室内空间设计的三维效果。

（2）环保的生态观

现代室内设计的创意、构思、风格，需要根据环境整体考虑，尤其要坚持绿色生态环保的理念。可以在室内装饰与装修过程中，多使用环保节能，同时又能满足室内舒适度及人们对健康需求的材料。下页右图的装修风格就体现了绿色环保的理念。

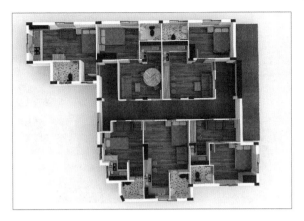 

（3）动态可持续的发展观

现代社会发展迅速，室内的装饰材料、家具电器设备以及门窗等配件更新如流，人们对室内功能的需求呈多样化。纵观建筑和室内设计发展史，具有创新性的新风格兴起总是与社会发展相适应的。随着社会与科技的进步，人们的审美价值观也随之改变，促使室内设计重视并运用当代技术成果，包括新型材料、结构构造、施工工艺等的运用，从而创造出具有良好的声、光、热环境的设备设施。

（4）艺术化的创造

室内设计的艺术化，体现在可以通过历史文化、风格特色、地域环境以及个人品味的融入，并以空间、色彩、材质材料以及装饰陈设来实现，如下图所示。

1.2 室内设计的作用及意义

室内设计是为建筑物内部空间规划、设计和装饰提供服务的一项专业技术，在提升居住与工作环境的舒适度、增强空间的功能性和艺术性、改善室内环境、反映生活态度与品味等方面发挥着重要作用。

（1）提高空间利用率

设计师通过合理规划空间布局和设计家具、灯具等细节，可以使空间得到最大限度的利用。在较小的空间中，可以使空间具有更多的功能性，如下页左图所示。在大型项目中，可以通过空间的划分和设计，创造出不同的区域，使人们能更好地适应环境，如下页右图所示。

（2）提高舒适度

设计师通过加强空间的色彩、光线、声音和气味等方面的设计，可以提高室内居住的舒适度，使人们在空间中感到愉悦和放松。同时，可以将人体工程学与设计相结合，充分适应人体需求，打造出舒适健康的环境，如右图所示。

（3）提高美观度

设计师可以将美学原理应用到空间设计中，根据不同场景、不同需求，设计出风格各异的室内装修效果。对于家庭、办公室、商业场所等不同类型的空间，可以选取不同风格的照明、家具、地面材质等元素。以下两图为风格迥异的室内装修效果。

（4）提升生活品质

室内设计在提升生活品质方面扮演着至关重要的角色。经过精心设计的室内空间不仅能够反映个人的审美和生活方式，还能显著改善居住或工作环境的舒适度、功能性。

（5）增加商业附加值

对于商业场所来说，具有现代感、时尚感和品质感的室内设计，可以吸引更多的消费人群，提升其商业附加值和品牌形象。具有现代感商业场所的室内效果，如下左图所示。

（6）提高工作效率

室内设计不仅能够提供良好的生活环境，同时也能为人们创造出更加舒适、清新、高效的工作环境，提升工作效率和员工的工作体验，如下右图所示。

1.3 室内设计效果图表现概念

室内设计效果图是指由室内设计师设计出的一种三维图形展示方式，可以更加清晰地呈现出设计理念和思路。在设计过程中，设计师与客户之间通常会存在沟通方面的问题，由于客户对设计理念的不了解以及想象力不足，需要通过一些视觉呈现让他们更加直观地理解设计理念。并且，效果图在一个项目中起到不可忽视的作用，是整个设计过程中的重要一环，可以帮助设计师在前期发现所存在的问题。在设计室内空间时，要考虑许多因素，包括空间的大小、布局、色彩搭配等，通过效果图可以更加直观地发现其中隐藏的问题，避免在后期施工过程中出现纰漏，能够大大提高设计的效率和质量，下面两图是一些室内设计的效果图表现。

1.4 室内设计效果图表现工具

室内设计效果图表现工具是设计师在呈现设计构思、空间布局及装饰效果时常用的软件或平台。这些工具可以帮助设计师快速、准确地创建出高质量的室内设计效果图，以便与客户沟通或用于项目展示。下面介绍一些常见的室内设计效果图表现工具。

（1）SketchUp

SketchUp是一款功能强大的3D设计软件，非常适用于家居、建筑和景观等设计领域。该软件以易用性、灵活性和丰富的资源库而受到广泛欢迎，适用于从初学者到专业人士的各类用户，特别适合进行概念设计和初步效果展示。SketchUP的开始界面如下左图所示。

SketchUP以简易明快的操作风格在三维设计软件中占据着一席之地，初学者非常容易上手。SketchUp的默认工作界面十分简洁，主要由标题栏、菜单栏、工具栏、状态栏、数值输入框以及中间的绘图区等模块组成，如下右图所示。

 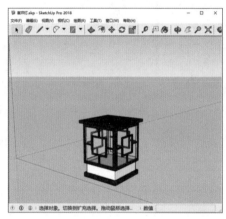

SketchUp软件的特点：
- 直观的操作界面，让用户能够像使用笔和纸一样轻松地进行设计。
- 丰富的模型库和材质库，方便用户快速搭建场景。
- 支持导出多种格式的图片和动画，方便用户进行后期处理。

（2）CAD（计算机辅助设计）

CAD是室内设计领域的基础工具之一，主要用于绘制室内布局方案设计、平面和立面施工图纸等，适用于需要精确绘制施工图纸和布局方案的设计师和工程师。

AutoCAD是由美国Autodesk公司研发的通用计算机绘图辅助设计软件，具有绘制二维图形、三维图形、标注图形、协同设计、图纸管理等功能。AutoCAD的工作界面由标题栏、菜单栏、功能区、绘图区、命令窗口、状态栏、快捷菜单等模块组成，如右图所示。

CAD软件的特点：

- 精确度高，能够绘制出精确的室内布局和施工图。
- 兼容性强，可以与其他设计软件无缝对接。
- 学习曲线相对较长，需要有一定的专业知识和技能。

（3）3ds Max

3ds Max是一款专业的3D建模、动画和渲染软件，广泛应用于室内设计、影视特效、游戏开发等领域。该软件适用于需要制作高质量室内设计效果图和动画的设计师和艺术家。

安装完3ds Max软件后，双击桌面的快捷方式进行启动，即可打开操作界面。3ds Max工作界面一般由菜单栏、命令面板、主工具栏、功能区、场景浏览器、视口、状态栏以及各种控制区组成，如下图所示。

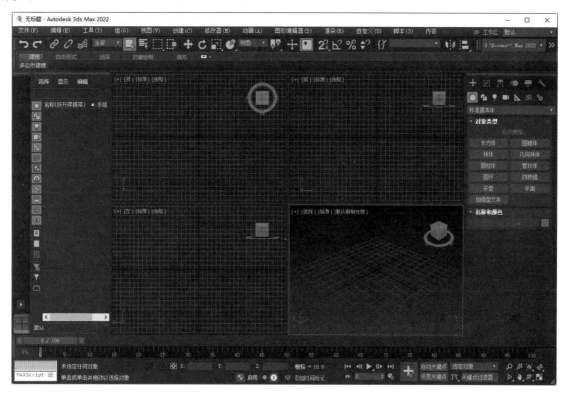

3ds Max软件的特点：

- 功能强大，支持复杂的建模和动画效果。
- 渲染效果逼真，能够呈现出高质量的室内设计效果图。
- 学习难度较高，需要较长的学习时间和实践经验。

> **提示：VRay插件**
>
> VRay是一款高性能的渲染插件，常与3ds Max、SketchUp等软件结合使用，以提高渲染质量和速度。该插件适用于需要快速渲染高质量室内设计效果图的设计师和艺术家。
>
> VRay插件的特点：
> - 渲染速度快，能够在较短时间内生成高质量的渲染图。
> - 支持全局光照和物理相机等高级渲染技术，渲染效果逼真。
> - 需要结合其他设计软件使用，学习成本相对较高。

（4）Photoshop

Photoshop是一款功能非常强大的平面应用软件，是修改和润色室内效果图的常用工具，深受设计爱好者和平面设计人员的青睐。Photoshop的应用领域十分广泛，涉及广告设计、服装设计、建筑设计、室内设计等多个领域。Photoshop并不是单一针对某个专业或者方向的软件，而是通用于各个行业。正因为Potoshop软件的功能非常强大，各个领域对其又有各自的要求，所以在学习上应该有针对性。Photoshop软件的开始界面如下图所示。

Photoshop软件的特点：

- 图像处理功能丰富，可以调整色彩、亮度、对比度等参数。
- 支持添加文字、图形等元素，增强设计效果。
- 学习成本相对较低，适合各类设计师使用。

本书将专门针对室内设计专业的应用，对Photoshop进行讲解。除了介绍Photoshop各功能模块在室内效果设计中的应用，还将对彩色平面图的制作、软装配色方案设计以及室内效果图的后期表现等进行专门讲解。对于室内设计的常用工具将进行详细讲解，不常用或用不上的工具则进行简要说明，提升学习效率。

Ps 第2章 初识Photoshop

本章概述

　　Photoshop的功能十分强大，在室内设计方面有非常出色的表现，被众多室内设计师所使用。本章通过对Photoshop的工作界面、文件操作以及工作区应用的介绍，让读者对该软件有一个全面的了解。对Photoshop新功能的介绍，可以更好地辅助读者使用软件进行室内效果图设计。

核心知识点

❶ 了解Photoshop的工作界面
❷ 熟悉Photoshop的文件操作
❸ 了解Photoshop的工作区
❹ 熟悉Photoshop 2024新增的功能

2.1　Photoshop 的工作界面

　　为了能够熟练地使用Photoshop进行室内设计，我们先来了解一下其工作界面。Photoshop的工作界面由菜单栏、工具栏、属性栏、状态栏、文档窗口和面板等组成，如下图所示。接下来，我们来了解一下工作界面中各组成部分的功能和应用。

2.1.1　菜单栏

　　Photoshop的菜单栏有文件、编辑、图像、图层、文字、选择、滤镜、3D、视图、增效工具、窗口和帮助12个菜单。Photoshop中，几乎所有的命令都按照类别排列在这些菜单栏中，每一个菜单下均有对应的子菜单，如下页图中所示。

9

> **提示：为什么菜单栏中有些命令是灰色的**
>
> 　　菜单栏中的许多命令只有在特定的情况下才能使用。如果某一个菜单命令显示为灰色，则代表该命令在当前状态下不可用。例如，在处理CMYK模式下的图片时，很多滤镜命令是不可用的。
>
> 　　如果某一命令的名称后带有符号"..."，表示执行该命令后，将弹出相应的设置对话框。

2.1.2　工具栏

　　工具栏默认在工作界面的左侧，包含所有用于创建和编辑图像的工具，有单排和双排两种显示。单击工具栏顶部的双箭头，可以切换工具栏的显示方式。工具栏中，部分图标的右下角有一个黑色小三角图标，表示这是一个工具组。在工具栏中长按该图标，在弹出的工具组中选择需要的子工具即可，如下左图所示。如果对工具不熟悉，可将光标移至工具按钮并停留一会儿，此时会出现工具提示，显示工具的基本操作信息，如下右图所示。

2.1.3　属性栏

　　属性栏一般位于菜单栏的下方，用于设置各工具的具体参数。根据所选工具的不同，属性栏中的内容

也不同。选择画笔工具后，其属性栏如下图所示。用户可以在属性栏中设置画笔的模式、不透明度等参数。

2.1.4 状态栏

状态栏位于工作界面的底部，可以显示文档的缩放比例、文档的大小、当前使用的工具、暂存盘大小等信息。用户可以根据不同的需求选择不同的显示内容。单击状态栏右侧的箭头，可以查看关于图像的各种信息，如下左图所示。在文档信息区域按住鼠标左键，可以显示图像的宽度、高度、分辨率等信息，如下右图所示。

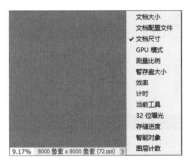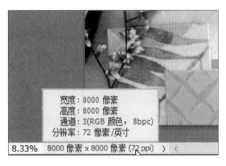

2.1.5 文档窗口

在Photoshop 2024中，每打开一个图像，便会创建一个文档窗口。如果打开多个图像，则会按照打开顺序，以选项卡形式显示多个文档窗口，如下左图所示。单击某个文档名称选项卡，即可将其设置为当前操作窗口，如下右图所示。在图像文档窗口的标题部分，会依次显示文件名称、文件格式、缩放比例和颜色模式等信息，便于用户更直观地了解文档信息。

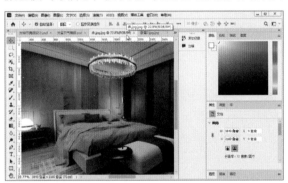

提示：如何在多个文档间快速切换

除了单击选择文档外，用户也可以使用快捷键来快速选择文档，按Ctrl+Tab组合键可以按照顺序切换窗口，按Ctrl+Shift+Tab组合键则可以按相反的顺序切换窗口。

2.1.6 面板

面板是用来设置颜色、参数以及执行编辑命令的，不同的面板包含的图像编辑功能也不同。在"窗口"菜单中，用户可以选择需要的面板选项将其打开，如下页左图所示。默认情况下，面板是以选项卡的形式成组出现的，如下页右图所示。

提示：为什么打开的面板会自动折叠

面板自动折叠对一些能够熟练操作Photoshop的用户来说，是一种很便捷的设置。执行"编辑>首选项>工作区"命令，在弹出的对话框中勾选或取消勾选"自动折叠图标面板"复选框，则在下次启动Photoshop时，会自动折叠或取消折叠面板。

2.2 文件操作

在Photoshop中，文件的基础操作包括新建文件、打开文件、保存文件和文件格式转换等。这些操作是使用Photoshop的基础，掌握它们对于进行图像编辑和处理至关重要。下面将详细介绍文件的相关操作。

2.2.1 新建文件

新建文件是指在Photoshop中创建一个空白文件。首先，要确保已经打开了Adobe Photoshop。执行"文件>新建"命令，或者按下Ctrl+N组合键，如下左图所示。在弹出的"新建文档"对话框中，设置文件的名称、预设尺寸、分辨率、颜色模式、背景内容等选项，然后单击"创建"按钮，即可创建一个新的文件，如下右图所示。

2.2.2 打开文件

在Adobe Photoshop中,"打开文件"是指将已经存储于计算机中的图像文件加载到Photoshop的工作环境中,以便进行查看、编辑或进一步处理。这个操作是Photoshop工作流程中的一个基本步骤。文件打开的方法有很多种,可以使用命令或快捷键来实现。

(1)执行"打开"命令

执行"文件>打开"命令或按下Ctrl+O组合键,如下左图所示。在弹出的"打开"对话框中选择需要打开的文件,单击"打开"按钮或双击该文件,即可打开文件,如下右图所示。

(2)执行"打开为"命令

"打开为"功能在处理图像文件时特别有用,尤其是当文件的扩展名丢失或不确定文件类型时,执行"文件>打开为"命令,用户可以选择将文件按照特定的格式打开,如下左图所示。比如,如果一个文件原本是JPEG格式,但由于某种原因,扩展名丢失了,用户可以执行"打开为"命令,在"打开"对话框中选择JPEG格式来正确打开这个文件,如下右图所示。此外,"打开为"命令还允许用户打开没有扩展名或者文件实际格式与存储格式不一致的文件。

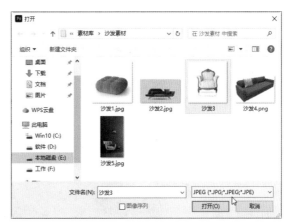

(3)执行"打开为智能对象"命令

执行"文件>打开为智能对象"命令,如左图所示。弹出"打开"对话框,选择一个文件,即可将其打开。和"打开"命令有所区别的是,以"打开为智能对象"命令打开文件之后,会自动将文件转化为智能对象,如右图所示。

2.2.3　保存文件

打开图像文件并对其进行编辑后，若不需要对其文件名、文件格式或存储位置进行修改，可以执行"文件>存储"命令或按下快捷键Ctrl+S存储文件，保存新修改的图像效果，如下左图所示。若要将文件保存为另外的名称、其他格式或者存储在其他位置，可以执行"文件>存储为"命令或按下Shift+Ctrl+S组合键，在打开的"存储为"对话框中将文件另存，如下右图所示。

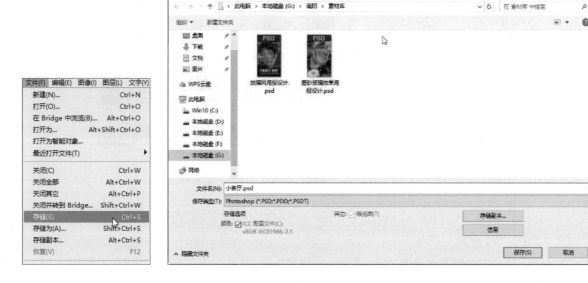

2.2.4　关闭文件

完成图像的编辑后，可以关闭打开的文件，以免占用内存空间，提高工作效率。用户可以在菜单栏中执行"文件>关闭"命令关闭文件，如下左图所示。也可以单击程序窗口右上角的"关闭"按钮关闭文件，如下右图所示。

2.2.5　置入文件

置入文件和打开文件有所不同，只有在Photoshop工作界面中已经存在图像文件时，方能激活置入文件命令。置入是将新的图像文件放置到打开或新建的图像文件中。

（1）置入嵌入对象

执行"置入嵌入对象"命令，可以选择一个图像文件作为智能对象打开，但最好是置入PSD或AI文件，这样方便用户添加图层、修改图像并重新保存文件，而不造成任何损失。执行"文件>置入嵌入对象"命令，如下左图所示。在打开的"置入嵌入的对象"对话框中选择需要置入的文件，然后单击"置入"按钮即可，如下右图所示。

（2）置入链接的智能对象

执行"文件>置入链接的智能对象"命令，可以选择一个图像文件作为智能对象链接到当前文档中。当源图像文件发生更改时，链接的智能对象也会随之更新。执行"文件>置入链接的智能对象"命令，如下左图所示。在打开的"置入链接的对象"对话框中选择所需文件，单击"置入"按钮，将该图像文件置入文档中。链接的智能对象会在"图层"面板中创建并显示链接图标，跟嵌入的智能对象显示的图标有所区别，如下右图所示。

2.2.6　导入和导出文件

在Photoshop中，导入和导出文件分别代表将外部文件或数据带入Photoshop进行处理，以及将Photoshop中的设计或编辑结果保存为其他格式文件的过程。这些操作对于设计师、摄影师等使用Photoshop进行创作和编辑的用户来说至关重要。下面将对导入和导出文件进行详细介绍。

（1）导入文件

新建图像之后，执行"文件>导入"命令，即可在"导入"命令的子菜单中看到"变量数据组""视频帧到图层""注释"和"WIA支持"命令。想要导入变量数据组，需先执行"图像>变量>定义"命令，才能使用相应的功能，变量数据组搭配图像处理器可以自动处理大批量文件，十分便捷。

（2）导出文件

在Photoshop中对图像进行编辑和调整后，若要将其导出为网页格式或AI格式的文件，则可以执行"文件>导出"命令，在其子菜单中有多个命令可供用户选择。执行"存储为Web所用格式（旧版）"命令，如下左图所示。在打开的对话框中选择相应的参数来调整文件，如下右图所示。可将文件存储为网页用的JPEG、PNG、GIF等格式。

 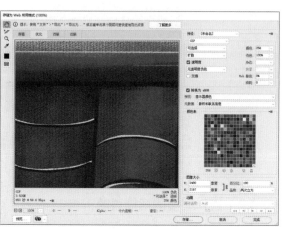

执行"文件>导出>路径到Illustrator"命令，如下左图所示。在打开的对话框中，可将Photoshop中的制作路径导入到Illustrator文件中，如下右图所示。保存的路径可以在Illustrator中打开，并可以应用于矢量图形的绘制中。

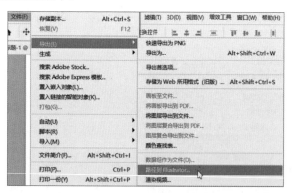 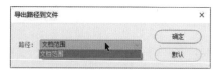

2.3 Photoshop 的工作区

菜单栏、文档窗口、工具箱以及面板总称为工作区。Photoshop 2024的工作区进行了许多改善，图像处理区域更加开阔了，文档之间的切换也更加便捷了。Photoshop软件自带了几种适应不同工作类型的工作区，用户可以根据自己的需求进行选择，也可以根据自己的喜好和需要创建自己的工作区。

2.3.1 预设工作区

Photoshop中自带的工作区称为预设工作区。执行"窗口>工作区"命令，在下拉菜单中选择相应的命令，可以选择软件中预设的工作区，如下页左图所示。也可以通过单击选项栏上的"选择工作区"按钮，在下拉列表中选择需要的工作区，如下右图所示。

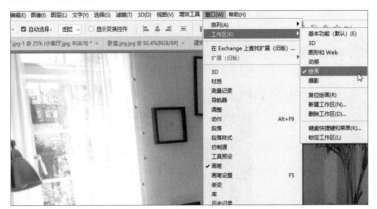

> **提示：该如何选择工作区**
>
> 在Photoshop 2024提供的预设工作区中："基本功能（默认）"是最基本的工作区，平面设计师最常用；"3D"工作区界面会显示3D功能，适用于从事3D制作的人员；"图形和Web"工作区可以帮助我们轻松创建网页的组件；"动感"工作区以制作动画为主，显示"时间轴"等面板；"绘画"工作区是为专业绘图人员服务的工作区；"摄影"工作区是为摄影行业提供的工作区。

2.3.2 自定义工作区

除了使用预设工作区，用户也可以根据个人喜好创建自己的工作区，即自定义工作区。用户可以按照自己的需求在工作界面上自由组合面板，下左图是笔者最常用的基本工作区。若想自定义绘画工作区，则可以在菜单栏中执行"窗口>工作区>绘画"命令，打开专门绘图的工作区，如下右图所示。设置完成后，下次再打开Photoshop时，可以直接进入自定义工作区。

2.4 Photoshop 2024新增功能

了解Photoshop各个版本的新增功能，可以帮助我们更智能、更便捷地进行学习和创作。Adobe Photoshop 2024相较之前的版本，在功能上有了进一步的提升和改进。接下来，主要介绍四个Photoshop 2024新增或增强的实用功能，分别是"调整预设""移除工具""上下文任务栏"和"渐变工具"。

2.4.1 调整预设

在Photoshop 2024的菜单栏中执行"窗口>调整"命令，在打开的"调整"面板中能够看到各种预设效果，如下左图所示。在"图层"面板和"属性"面板中还可以对预设参数进行调整，如下右图所示。

2.4.2　移除工具

使用移除工具在需要被移除的物体边缘涂抹，无需将该对象完全刷满，Photoshop会自动连接涂抹的区域并进行填充，迅速自动移除所涂抹的对象，而且填充效果完美。相较于之前的仿制图章等修复工具，移除工具更加智能便捷，同时大大节省了操作时间。首先，选择工具栏的移除工具，如下左图所示。在物体边缘涂抹，如下中图所示。可以看到，Photoshop自动移除了被涂抹的对象，并自动识别填充，效果如下右图所示。

2.4.3　上下文任务栏

上下文任务栏是一个持久性菜单，显示工作流程中相关的后续步骤。例如，选择一个图像文件时，上下文任务栏会出现在画布上，并为潜在的下一步操作提供更多选项。当用户使用蒙版工具时，上下文任务栏会自动显示与蒙版相关的工具，供用户增加和减少蒙版选区，非常便捷。首先，执行"窗口>上下文任务栏"命令，如下左图所示。任务栏会出现在画布上，如下中图所示。选择不同的工具，会显示不同样式的上下文任务栏，如下右图所示。

2.4.4 渐变工具

在Photoshop 2024中，渐变功能得到了显著的增强。使用渐变工具，我们不但可以像以前一样实现渐变效果，如下左图所示。而且可以选择使用不同的锚点来调整渐变的扩展、形状和角度，如下中图所示。还可以在"属性"面板中调整参数，在样式、渐变预设和颜色之间进行切换，效果会立即显示在画布中，如下右图所示。同时，实时预览是自动创建的，可以进行非破坏性编辑。

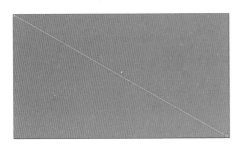  

 知识延伸：使用辅助工具进行精准定位

我们在Photoshop中处理图像时，常常会使用一些辅助工具。辅助工具不能用于编辑图像，但可以帮助用户更好地完成选择、定位或编辑图像的操作。下面介绍如何对图像中的某个部分进行准确定位。

第一种方法：使用对齐功能。执行"视图>对齐"命令，使其处于勾选（√）状态，然后在"视图>对齐到"子菜单里选择一个对齐选项，即可启用对齐功能，如下左图所示。再次执行"视图>对齐"命令，取消其勾选（√）标记，即可关闭全部对齐功能。用户也可以在属性栏中选择需要的对齐方式，如下右图所示。

第二种方法：使用参考线。参考线仅在图像编辑时可以看见，输出图像后是不显现的。调出参考线有两种方式，一种是精确定位，一种是自由定位。

执行精准定位操作，要在菜单栏中执行"视图>参考线>新参考线"命令，如下页左图所示。然后在弹出的"新参考线"对话框中进行参数设置，如下页右图所示。这种方法可以按照参考线对图像进行精确定位，在移动图像时可以实现自动吸附，以达到定位的目的。

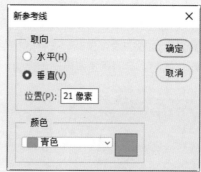

自由定位功能使用起来更加灵活，在菜单栏中执行"视图>标尺"命令，如下左图所示。此时会在文档窗口中看到在水平位置和垂直位置均出现标尺，如下右图所示。用户可以按下快捷键Ctrl+R，显示标尺；再次按下快捷键Ctrl+R，将标尺隐藏。

接下来，在水平标尺和垂直标尺的任意位置按住鼠标左键并拖动，即可拖出一条参考线，这条参考线可以任意定位或者沿着标尺进行精确定位。这种定位方式相对而言更加直观，也更加有效。完成上述操作后，视觉效果对比图如下两图所示。

提示：计算工作区任意两点之间的距离

　　执行"图像>分析>标尺工具"命令，或者在工具栏中选择标尺工具▭，单击需测量的一端，并按住鼠标左键向另一端释放鼠标，可以按住Shift键将工具限定为45度的倍数。上方的属性栏会显示数值，即测量出的两点之间的距离。

上机实训：为墙壁添加装饰画

扫码看视频

在Photoshop软件中打开需要编辑的文件，用户可以自由地设定画布的大小、分辨率、颜色模式等参数，以适应不同的设计需求和输出要求。处理完成后，将文件保存在合适的位置。本次上机实训是对本章所学内容的综合应用及延伸，具体操作如下：

步骤 01 打开Photoshop软件，执行"文件>打开"命令，在弹出的"打开"对话框中选择"书桌"素材，单击"打开"按钮，如下左图所示。打开后的效果如下右图所示。

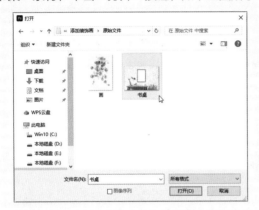

步骤 02 执行"文件>置入嵌入对象"命令，在弹出的"置入嵌入的对象"对话框中选择"画"素材，单击"置入"按钮，如下左图所示。置入后的效果如下右图所示。

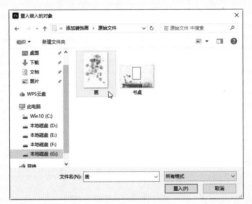

步骤 03 按下快捷键Ctrl+T，对装饰画素材进行自由变换，图像上会出现定界框，将鼠标移动到定界框的控制点上，按住鼠标左键并拖动，即可对图像进行调整，如下左图所示。完成后的效果如下右图所示。

步骤 04 执行"文件>存储为"命令，如下左图所示。在弹出的"存储为"对话框中，将文件命名为"添加装饰画"，单击"保存"按钮，将文件保存到合适的位置，如下右图所示。

 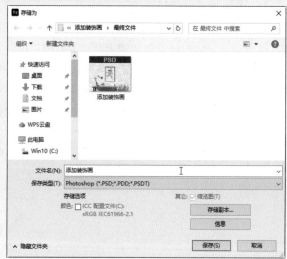

步骤 05 执行"文件>导出>导出为"命令，如下左图所示。在弹出的"导出为"对话框中，选择图片格式，单击"导出"按钮，如下右图所示。

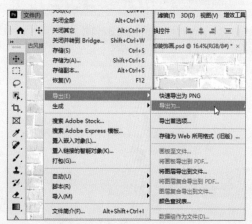 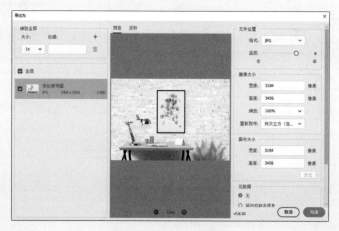

步骤 06 弹出"另存为"对话框，将文件命名为"添加装饰画"，单击"保存"按钮，即可导出处理好的图片，如右图所示。

课后练习

一、选择题（部分多选）

（1）（　　）是Photoshop 2024的新增功能，用于清除画面中不需要的部分。

　　A. 渐变工具　　　　　　　　　　B. 移除工具

　　C. 修补工具　　　　　　　　　　D. 上下文任务栏

（2）按下（　　）组合键，可以实现文档的快速切换。

　　A. Ctrl+Tab　　　　　　　　　　B. Ctrl+Dele

　　C. Ctrl+Shift+Tab　　　　　　　D. Alt+Dele

（3）（　　）功能可以对图像进行精准定位。

　　A. 标尺　　　　　　　　　　　　B. 对齐

　　C. 参考线　　　　　　　　　　　D. 属性栏

二、填空题

（1）执行"文件"菜单中的"_____"命令，可以打开没有拓展名或者实际格式与储存格式不一致的文件。

（2）Photoshop自带的预设工作区有_____、_____、_____、_____、_____和_____。

（3）执行"_____"菜单栏中的命令，可以打开需要的面板菜单。

三、上机题

　　学习Photoshop工作界面中各部分的构成和功能后，用户可以根据需要创建适合自己的工作区。下图为笔者常用的平面设计的工作区，可供参考。

[Ps] 第3章 图像的操作

本章概述

本章主要对图像的基础操作进行讲解，包括图像的基础知识、图像和画布的基础操作以及图像的编辑等。掌握图像的操作是独立创作的第一步，能够为之后的室内设计效果图的制作奠定良好的基础。

核心知识点

❶ 了解图像的基础知识

❷ 熟悉图像的基础操作

❸ 熟悉画布的基础操作

❹ 掌握图像的编辑方法

3.1 认识图像

在学习使用Photoshop对图像进行操作之前，需要先了解一些数字化图像的知识。计算机的数字化图像分为两种类型，即位图和矢量图。两种类型各有优缺点，应用领域也有所不同。这一节除了会讲解位图和矢量图的区别之外，也会对分辨率的概念、颜色模式以及常见的图像格式进行介绍。

3.1.1 像素和分辨率

像素和分辨率是图像质量评估中两个至关重要的概念，它们直接决定了图像的清晰度和细节表现能力，下面将对这两个方面进行详细介绍。

（1）像素

像素（Pixel）是组成位图图像最基本的元素，是构成位图图像的最小单位。把图像放大，便能看到一个个小方格，这就是像素，如下左图所示。每一个像素都记载着图像的颜色信息，图像的像素越多，颜色信息就越丰富，同时也会占用更多的储存空间。把"信息"面板调出来，将鼠标移动到任意一个像素点上，就会出现这个像素点对应的颜色值和位置，如下右图所示。

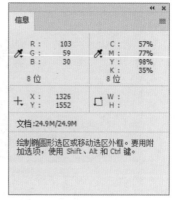

（2）分辨率

分辨率是指单位长度里面包含的像素点。像素点个数越多，分辨率越高，文件也就越大。分辨率的单位通常为像素/英寸（ppi），如72ppi表示每英寸包含72个像素点，300ppi表示每英寸包含300个像素点。下页两图是将同一照片的分辨率分别设置为72像素和300像素时的效果。

3.1.2 位图和矢量图

位图和矢量图作为图像的两大类型，具有各自的优点和缺点，下面分别进行介绍。

（1）位图

位图是由像素组成的，位图图像可以很好地表现丰富的色彩变化并产生逼真的效果，而且可以在不同的软件中交换使用。在储存位图时，需要记录每一个像素的色彩信息，因此位图的像素越高，所占用的储存空间越大。受到分辨率的制约，在对位图进行缩放、旋转等操作时，无法生成新的像素，因此便会产生锯齿，使图像变得模糊。如果以高于创建时的分辨率来打印或以高缩放比率对其进行扩大，将会使清晰的图像变得模糊，也就是我们通常所说的图像变虚了。以下两图是将一张位图进行放大的前后对比效果。

（2）矢量图

矢量图是用一系列计算机指令来描述和记录图像的，由点、线、面等元素组成，只能靠软件生成。使用这种方式记录的文件，其放大后的图像不会失真，占用的存储空间很小，适用于文字设计、标志设计和一些图形设计等。矢量图的缺点是色彩变化较少，不能很好地表现细节或者制作一些色彩复杂的图案。如下左图是一个矢量图插画。放大之后，观察细节，依然是十分清晰平滑的，如下右图所示。

3.1.3　颜色模式

颜色模式是一种记录图像颜色的方式。在计算机的图像世界中，画面呈现出不同的颜色，其实是由几种特定的颜色混合而成的。Photoshop中的颜色模式分为RGB模式、CMYK模式、Lab模式、位图模式、灰度模式、索引模式、双色调模式和多通道模式。

想要更改图像的颜色模式，需要执行"图像>模式"命令，在子菜单中进行选择，如下左图所示。制作用于在电子屏幕上显示的图像，一般使用RGB模式，如下中图所示。CMYK模式则是通用的印刷模式。肉眼是很难看出CMYK模式和RGB模式的区别的，但是它们的色彩混合方式截然不同。灰度模式则是将图像做黑白处理，如下右图所示。

3.1.4　图像文件格式

在Photoshop中，图像可以保存成不同的文件格式，对后期的图像处理起到非常重要的作用。PSD是Photoshop默认的文件格式，用于存储所操作的文档，便于修改。如果图像占用资源大于1个G，则需要将保存格式修改为PSB格式。常见的图像存储格式有JPG格式、TIFF格式、PNG格式、GIF格式等。Photoshop支持打开和保存的图像格式，如下图所示。

提示：存储为和存储副本的保存类型为什么不同

在Photoshop 2024软件中，选择不同的文件保存类型，需要执行"文件>存储副本"命令。而在Photoshop的旧版本中，此操作是执行"文件>存储为"命令，对于习惯使用旧版本的用户可能会有点不适应。若想改变存储方式，可以执行"编辑>首选项>文件处理"命令，在打开的对话框中勾选"启用旧版'存储为'"复选框即可。

3.2 图像和画布的基础操作

在学习了如何对文件进行新建、打开、保存和关闭等基本操作之后，需要进一步掌握图像和画布的基本操作。这些操作包括移动和复制图像、跨文档移动图像、修改图像或画布大小以及旋转画布等，下面分别对其进行详细介绍。

3.2.1 移动和复制图像

在Photoshop中，移动和复制图像是两种基础且频繁使用的操作，它们对于图像的编辑至关重要。下面将进行详细的介绍。

（1）移动图像

在需要移动画布中的某个图像时，在"图层"面板中选择需要移动的对象的所在图层，如下左图所示。在左侧工具栏中选择移动工具，如下右图所示。然后在选区中按住鼠标左键，可以将图像拖动到新的位置。

（2）复制图像

复制图像可以采用以下四种方法。

方法1：在菜单栏中执行"图层>复制图层"命令，如下左图所示。在打开的"复制图层"对话框中设置图层名称，单击"确定"按钮进行复制，如下中图所示。

方法2：在菜单栏中执行"图层>新建>通过拷贝的图层"命令或按下快捷键Ctrl+J，可以达到同样的复制效果，如下右图所示。

  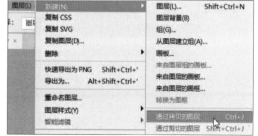

方法3：选中需要复制的图层，将其拖动到"图层"面板下方的"创建新图层"按钮上，如下页左图所示。

方法4：按住Alt键的同时，移动图像。操作完成后，可以在"图层"面板上看到拷贝的图层，如下页右图所示。

复制完成之后，所复制的图像默认叠加在原图像上，这时需要将复制的图像或原图像进行移动。操作完成后，可以看到前后对比效果，如下两图所示。

3.2.2　跨文档移动图像

当需要将一个文档中的图像移动到另一个文档中时，可以在"图层"面板中选中需要移动的图像，按住鼠标左键并将其拖动到选项卡的另一个标题栏上，停留片刻后，画面会切换到与这个标题对应的文档中。接下来移动图像到该文档的工作界面，当光标变成下面左图的形状时，释放鼠标即可。操作完成后，跨文档移动图像就完成了，如下右图所示。

3.2.3　修改图像或画布大小

在Photoshop中，修改图像和画布的大小是图像处理和设计过程中至关重要的步骤。这些操作不仅影响图像的外观和展示效果，还会直接关系到图像的最终用途和输出质量。

（1）修改图像大小

在Photoshop中处理文件时，经常需要调整图像的大小，包括调整图像的尺寸和分辨率等参数。这些调整决定了图像的质量和存储空间的占用比。在菜单栏中执行"图像>图像大小"命令，如下左图所示。在打开的"图像大小"对话框中，对图像的相关参数进行设置即可，如下右图所示。

（2）修改画布大小

画布是容纳图像内容的窗口。在菜单栏中执行"图像>画布大小"命令，如下左图所示。在打开的"画布大小"对话框中，可以对图像的宽度和高度进行设置，还可以通过单击箭头来选择"定位"的位置，设置画布增大或减小的方向，如下右图所示。

3.2.4 旋转画布

当我们想对画布进行旋转、翻转时，可以执行"图像>图像旋转"命令，在子菜单中选择相应的命令，如下左图所示。打开一张图片，如下中图所示。执行"图像>图像旋转>水平翻转画布"命令，操作完成后，可以看到前后对比效果，如下右图所示。

实战练习 修改图像的尺寸和画布大小

通过前面内容的学习，用户可以试着将一幅图像修改成A4尺寸的图像，具体操作如下：

步骤 01 启动Photoshop 2024，执行"文件>打开"命令，打开名为"卧室.jpg"图像文件，如下左图所示。

步骤 02 执行"图像>图像大小"命令或按下Alt+Ctrl+I组合键，如下右图所示。

步骤 03 在打开的"图像大小"对话框中，单击"限制长宽比"按钮，取消限制长宽比，设置"高度"为21厘米。设置完成后，单击"确定"按钮，如下左图所示。

步骤 04 执行"图像>画布大小"命令或按下Alt+Ctrl+C组合键，如下右图所示。

步骤 05 在弹出的"画布大小"对话框中，设置以图像中心为原点向四周缩小画布大小，即选择定位中间的圆点，也就是默认情况下的定位。设置"宽度"为29.7厘米，如下左图所示。

步骤 06 设置完成后，单击"确定"按钮查看效果，图像已经被修改成A4尺寸，如下右图所示。

3.3 图像的编辑

在Photoshop中，我们可以通过裁剪工具来删除不需要的图像部分，还可以通过变换和变形操作，对图像进行旋转、缩放、扭曲、斜切等。在编辑图像的过程中，用户可以随时将图像进行复原和重建。

3.3.1 图像的裁剪

在室内设计效果图的制作过程中，若需要对图像进行裁剪，可以选择工具栏中的裁剪工具 🔲 ，然后用鼠标直接在文档中拖动，根据所需的裁剪区域，调整裁剪控制框，如下左图所示。完成裁剪区域的选定后，释放鼠标左键并按下Enter键，即可保留裁剪区域内的图像，如下右图所示。裁剪后，图像的分辨率与未裁剪的原图像的分辨率相同，不用担心图像会变模糊。默认情况下，裁剪之外的区域是保留的，隐藏在画布之外。若想删除裁剪之外的区域，可以在裁剪之前，在属性栏中勾选"删除裁剪的像素"复选框。

3.3.2 图像的变换与变形

在Photoshop中，用户可以对图层、选区、路径和图像进行变换和变形操作。在"编辑>变换"子菜单中，包含对图像进行变换的各种操作命令，如下左图所示。执行这些命令后，都会在图像上出现一个定界框，如下右图所示。用户也可以按下快捷键Ctrl+T，并在画布上右击鼠标，在弹出的快捷菜单中选择对图像进行变换操作的命令。

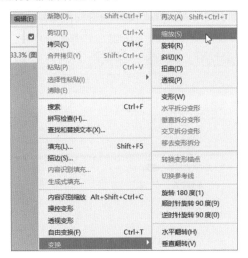 

在定界框上有多个控制点，将光标移动到四个角的任意一个控制点的旁边，出现下页左图中的 🔄 图标

时，可以对图像进行自由旋转。按住Ctrl键，单击控制点，可以自由变换图像的形状，如下右图所示。变换完成之后，按Enter键确认即可。

3.3.3　图像的还原与重做

在图像处理过程中，经常会遇到需要撤销错误操作的情况，或者需要与之前编辑的效果进行对比，这时可以利用菜单命令或"历史记录"面板来撤销操作。执行"编辑>还原（操作名称）"命令或按下快捷键Ctrl+Z，可以撤销刚执行过的操作，如下左图所示。一直执行此命令，则会连续撤回执行过的操作。如果需要撤回多步操作，也可以执行"窗口>历史记录"命令，如下中图所示。在弹出的"历史记录"面板中，单击之前的处理步骤，即可回到选中步骤时的状态，如下右图所示。

 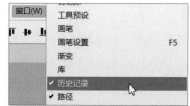 

提示：怎样增加历史记录的步骤

Photoshop默认的历史记录是20条，新操作的步骤会覆盖最初执行的步骤。要想更好地对比和编辑图像文件，可以将历史记录的步骤数调高一些。执行"编辑>首选项>性能"命令，在打开的"首选项"对话框中，可以将"性能"面板中的历史记录状态值调整为50~100，如下图所示。

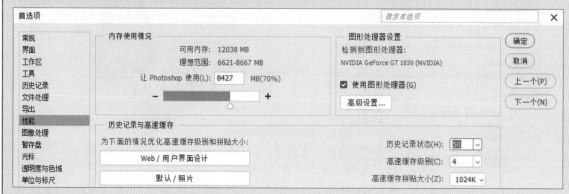

3.3.4　设置前景色与背景色

使用工具栏中的前景色和背景色功能，可以设置文件的前景色和背景色。其中，置于上方的小色块决定前景色，置于下方的小色块决定背景色，如右图所示。

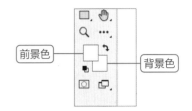

单击"设置前景色"图标，即可打开"拾色器（前景色）"对话框。在色区的任意位置单击鼠标左键，即可选择该颜色作为前景色。这里选择了蓝色，如下左图所示。单击"确定"按钮，可以看到前景色色块已经变成蓝色了，如下右图所示。

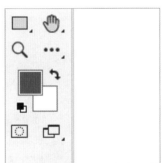

按下快捷键X，可以切换前景色与背景色的颜色，如下左图所示。单击工具栏中的▣图标或按下快捷键D，可以将前景色和背景色变为默认的黑白色，如下中图所示。

在"拾色器"对话框中，除了通过单击鼠标左键选择颜色外，还可以直接在数值框中输入准确的数值来确定颜色。这里设置颜色为橙色（R：200、G：100、B：50），单击"确定"按钮，如下右图所示。

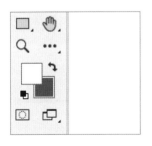
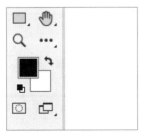
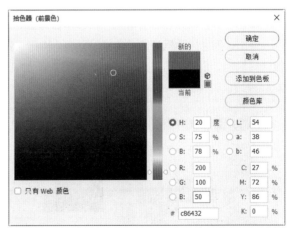

在Photoshop中，颜色是可以任意设置的，但是有很多颜色在现实中却不能被印刷出来。例如，在"拾色器（前景色）"对话框中设置颜色为黄色（R：248、G：246、B：50），此时，在"拾色器"右侧出现了一个三角形的警告图标，如下页左图所示。而在三角形警告图标的下方有一个色块，单击该色块，就能得到一个既能印刷出来又与所选黄色最为接近的颜色，如下页右图所示。

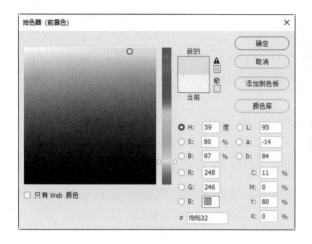 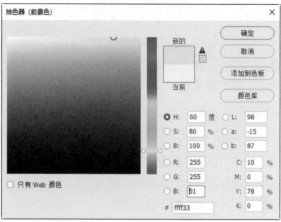

除了通过工具栏上的颜色色块进行颜色设置，用户还可以通过"颜色"面板进行设置。执行"窗口>颜色"命令或按下功能键F6，即可打开"颜色"面板，如下图所示。

单击"颜色"面板右上角的 ▤ 按钮，在弹出的菜单列表中可以设置不同的色谱，如下左图所示。

单击"颜色"面板旁的"色板"面板（执行"窗口>色板"命令，调出该面板），即可通过"色板"面板选择颜色，用户还可以在"色板"面板中储存一些经常使用的颜色，如下右图所示。

 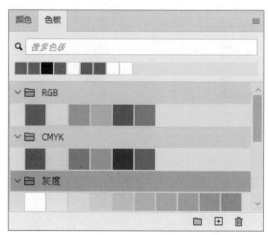

知识延伸：常用快捷键

　　掌握快捷键的使用，可以提高工作效率，省去不必要的时间浪费。以下是一些常用的快捷键及其所对应的命令，掌握这些快捷键的使用，便于我们更快速地进行工作。

快捷键	对应的命令
Ctrl+N	执行"文件>新建"命令
Ctrl+O	执行"文件>打开"命令
Ctrl+Shift+Alt+O	执行"文件>打开为"命令
Ctrl+S	执行"文件>储存"命令
Ctrl+Shift+S	执行"文件>储存为"命令
Alt+Shift+Ctrl+S	执行"文件>导出>存储为Web所用格式（旧版）"命令
Ctrl+W	执行"文件>关闭"命令
Ctrl+C	执行"编辑>拷贝"命令
Ctrl+V	执行"编辑>粘贴"命令
Ctrl+X	执行"编辑>剪切"命令
Ctrl+Z	执行"编辑>还原（操作名称）"命令
Ctrl+Shift+N	执行"图层>新建>图层"命令
Ctrl+T	执行"编辑>自由变换"命令
Ctrl+J	执行"图层>新建>通过拷贝的图层"命令
Ctrl+A	执行"选择>全部"命令
Ctrl+D	执行"选择>取消选择"命令
Shift+Ctrl+I	执行"选择>反选"命令
Ctrl+0	执行"视图>按屏幕大小缩放"命令
Ctrl+	执行"视图>放大"命令
Ctrl+-	执行"视图>缩小"命令
Ctrl+R	执行"视图>标尺"命令

 上机实训：制作古风装饰画

　　学习本章内容后，相信读者对Photoshop图像的基本操作有了一定的了解。下面以制作古风装饰画为例，巩固本章所学的内容，具体操作如下：

扫码看视频

　　步骤 01 打开Photoshop软件，执行"文件>新建"命令，在弹出的"新建文档"对话框中设置相应的参数，单击"创建"按钮，如下页左图所示。

　　步骤 02 执行"文件>打开"命令，在弹出的"打开"对话框中选择"背景"素材，如下页右图所示。

 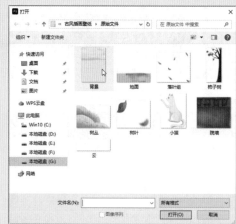

步骤 03 单击"打开"按钮后，在"图层"面板中选择名为"图层1"的背景图层，按住鼠标左键，将背景图层移动到新建的文档中，如下左图所示。

步骤 04 按下快捷键Ctrl+T，对背景进行自由变换，并适当调整大小和位置，调整后的效果如下右图所示。

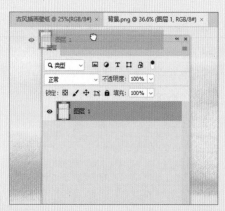 

步骤 05 在菜单栏中执行"文件>置入嵌入对象"命令，如下左图所示。

步骤 06 在弹出的"置入嵌入的对象"对话框中，选择需要置入的对象，如下右图所示。

 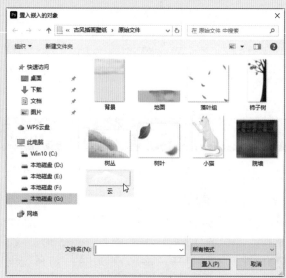

步骤 07 单击"置入"按钮置入文件之后，需要对置入的图像进行自由变换，以适应图像的大小。待图像的大小和位置调整好，按下Enter键即可，如下左图所示。

步骤 08 选中"云"图层，按下快捷键Ctrl+J复制图层，同样对复制的图像进行自由变换，调整其大小和位置，如下右图所示。

步骤 09 根据相同的方法置入"院墙"素材，并对图像进行变换操作，如下左图所示。

步骤 10 继续置入其他素材，并调整图像的大小和位置，最终完成的图像效果如下右图所示。

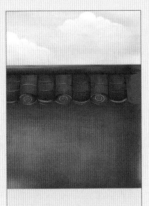 

步骤 11 执行"文件>存储为"命令，将文件保存到合适的位置，单击"保存"按钮，如下左图所示。

步骤 12 导出做好的壁纸，用于后面装饰画的置入操作。执行"文件>导出>导出为"命令，打开"导出为"对话框，选择导出的图片为JPG格式，单击"导出"按钮，如下右图所示。将制作好的壁纸保存到合适的位置。

步骤13 执行"文件>打开"命令，在弹出的"打开"对话框中，选择"卧室"素材，单击"打开"按钮，打开后的效果如下左图所示。

步骤14 执行"文件>置入嵌入对象"命令，在弹出的"置入嵌入的对象"对话框中，选择刚刚导出并保存的古风插画壁纸，单击"置入"按钮，如下右图所示。

步骤15 按下快捷键Ctrl+T，对置入的图像进行自由变换操作，如下左图所示。

步骤16 按照装饰画的画框来调整壁纸的大小和位置，如下右图所示。

步骤17 为了使装饰画效果更加逼真，在"图层"面板中，选中"古风插画壁纸"图层，单击"图层"面板上图层混合模式的下拉按钮，选择"正片叠底"选项，如下左图所示。

步骤18 设置完成后，查看最终效果，如下右图所示。

课后练习

一、选择题（部分多选）

（1）Photoshop默认的文件格式是（　　　）。

    A. PSD   B. PSB

    C. PNG   D. JPG

（2）Photoshop可以置入（　　　）等文件格式。

    A. PSD   B. AI

    C. PDF   D. EPS

（3）需要对图层进行等比放大或缩小时，可以使用（　　　）快捷键。

    A. Ctrl+J   B. Alt

    C. Ctrl+Z   D. Ctrl+T

二、填空题

（1）按下快捷键＿＿＿＿＿＿＿＿，可以快速切换前景色与背景色。

（2）在"图像"菜单栏中执行＿＿＿＿＿＿＿＿命令，可以修改图像的分辨率；执行＿＿＿＿＿＿＿＿命令，可以修改画布的大小。

（3）按住＿＿＿＿＿＿＿＿键移动图像，即可在画布中复制图像。

三、上机题

    根据本书给定的素材，制作一个室内家居的卡片，如下图所示。

操作提示

① 执行"文件>打开""文件>置入嵌入对象"命令，打开及置入所需文件。

② 使用变换工具调整图像的大小。

③ 根据实际需求，执行"图像>画布大小"命令，适当修改画布的尺寸。

④ 用户需要注意区分图层的上下层关系，这将在下一章进行详细讲解。

Ps 第4章　图层和选区的操作

本章概述

　　这一章主要对图层和选区的基础操作进行详细讲解。图层是通过将图像分解成多个独立的层，使用户可以灵活高效地进行图像处理。合理运用选区，可以对图像的局部进行操作。图层和选区对于室内设计后期效果图的制作是很重要的功能，应该有针对性地进行学习。

核心知识点

❶ 了解图层的概念和类型
❷ 熟悉图层的混合模式
❸ 掌握图层样式的添加与编辑
❹ 掌握选区的创建
❺ 掌握选区的编辑

4.1　图层的基础操作

　　图层是Photoshop的核心功能之一，所有的编辑和修饰都展现在图层上。这一节将对图层的概念和基础操作进行详细讲解。

4.1.1　图层的概念

　　图层是Photoshop中最主要的载体，主要用来载入各种各样的图像。在"图层"面板的图层缩览图中，可以看到每一个图层的位置及其内容，如下左图所示。当多张不透明的画纸（图层）重叠在一起，不同内容的相互叠加，就形成了一幅完整的图像，如下右图所示。

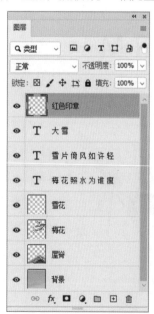

　　每一个图层就像一张半透明的画纸，且每个部分都是独立存在的。除"背景"图层外，其他图层都可以通过调节不透明度或者修改图层混合模式，让上方和下方的图像产生特殊的混合效果，如下页左图所示。右击图层缩览图，可以调整缩览图的显示尺寸，其中，棋盘格代表图像的透明区域，如下页右图所示。

4.1.2 "图层"面板

使用"图层"面板可以创建、编辑和管理图层，也可以为图层添加图层样式。执行"窗口>图层"命令或按下功能键F7，即可打开"图层"面板，如下左图所示。"图层"面板中罗列了当前文档中包含的所有图层、图层组和图层样式等，如下右图所示。

4.1.3 图层类型

根据功能的不同，图层类型大致可以分为普通图层、智能对象图层、文字图层、形状图层、填充和调整图层等，下面将分别讲解这些图层的特点和功能。

（1）普通图层和智能对象图层

普通图层是常规操作中使用频率最高的图层，包括空白图层和像素图层。通常情况下，新建图层就是指新建空白图层，如下页左图所示。像素图层是由一个个像素组成的，可以随意修改和调整，在多次放大或缩小后，图像会因产生锯齿而变得模糊，如下页中图所示。智能对象图层相较于像素图层，在经历一系列操作之后，依然会保持图像的清晰度，防止图像失真，如下右图所示。此外，双击智能对象，可以在新打开的窗口中对图像进行编辑。

（2）文字图层和形状图层

文字图层是编辑文字的图层，即"图层"面板中带有"T"标志的图层，如下左图所示。形状图层是一种矢量图层，它既可以调整填充颜色、添加样式，也可以通过编辑矢量路径来创建所需的形状，如下右图所示。

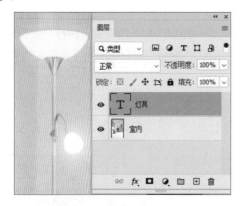 

（3）填充和调整图层

填充和调整图层是在不改变整个图像画面的情况下，对其亮度/对比度、色彩平衡、反相等进行调整的图层。单击"图层"面板下方的"创建新的填充或调整图层"按钮，在弹出的菜单列表中选择相应的命令，创建填充或调整图层，如下左图所示。填充和调整图层显示在所选图层的上方，它的效果作用于其下面的所有图层，如下右图所示。

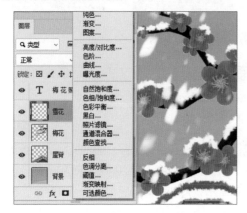 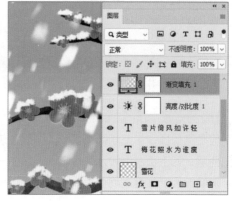

4.1.4 新建图层

新建图层的方法有很多种，这里着重介绍两种常用的方法。第一种是在菜单栏中执行"图层>新建>图层"命令，如下左图所示。在弹出的"新建图层"对话框中设置相应的内容，如下右图所示。

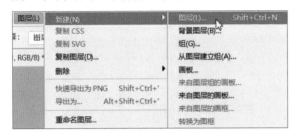 

第二种方法是单击"图层"面板下方的"创建新图层"按钮，如下左图所示。创建后的新图层，如下右图所示。

4.1.5 编辑图层

在Photoshop中，图层的编辑操作包括重命名图层、显示和隐藏图层、删除和合并图层、锁定图层、图层的不透明度和填充设置、图层组的创建等，下面分别对编辑图层的相关操作进行介绍。

（1）选择图层

在对图像进行编辑和修饰前，需要选择相应的图层。单击"图层"面板中的一个图层，即可选择该图层，如下左图所示。如果要选择多个相邻的图层，需要先单击第一个图层，再按住Shift键单击最后一个图层，如下中图所示。如果要选择多个不相邻的图层，可以按住Ctrl键单击这些图层，如下右图所示。

（2）重命名图层

新建图层的默认名称一般不是用户所需要的图层名，这时就需要对图层进行重命名。重命名图层的操作比较简单，在需要重命名的图层名称上双击，然后在白色文字框中输入新的图层名称，如下左图所示。按下Enter键，即可确认重命名操作，如下右图所示。

（3）显示和隐藏图层

在编辑图像的过程中，有时需要将某个图层隐藏起来，看前后效果的对比。在"图层"面板中，单击"切换图层可见性"图标 ，当其变为 时，则该图层中的图像已隐藏，如下左图所示。如需将隐藏的图层显示出来，需再次单击 图标，即可显示出图层。如果想一次性隐藏或显示除某一个图层外的其他所有图层，可以按住Alt键，同时单击 图标，如下右图所示。

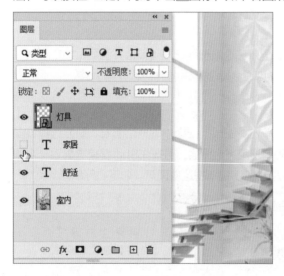

（4）删除和合并图层

删除图层是将不需要的图层进行删除。选择需要删除的图层，将其拖动到"图层"面板下方的"删除图层"按钮 上，或是直接按键盘上的Delete键即可，如下页左图所示。合并图层是将两个及两个以上的图层合并成一个图层，以减少图层的数量，方便操作。在"图层"面板中，选择需要进行合并的图层，如下页中图所示。在菜单栏中执行"图层>合并图层"命令或按下快捷键Ctrl+E，即可合并图层，如下页右图所示。

（5）锁定图层

当确定不需要修改某一图层时，可以将该图层锁定。通常情况下，我们会锁定背景和装饰图层。在"图层"面板中，单击"锁定所有属性"图标 🔒，即可将当前图层锁定，如下左图所示。锁定之后，在"图层"面板的图层右侧会出现锁的图标，如下右图所示。如需解锁，单击 🔒 图标即可。

（6）图层的不透明度和填充设置

总体图层的不透明度，包括图层本身及为图层添加的图层样式的不透明度。在"图层"面板中，通过在"不透明度"数值框中输入数值或拖动滑块，可以对图层的不透明度进行调整，如下左图所示。填充是指设置图层本身的不透明度，不包括为图层添加的图层样式的不透明度。在"图层"面板中，通过在"填充"数值框中输入数值或拖动滑块，可以对图层的填充进行调整，如下右图所示。

 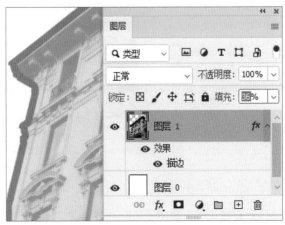

（7）图层组

当"图层"面板中有大量的图层时，操作起来会比较繁琐，如下左图所示。此时可以对图层进行分组，选中需要分成一组的图层，在"图层"面板中单击"创建新组"按钮 ▣，如下中图所示。整理之后的"图层"面板变得清晰明了，如下右图所示。

4.2 图层的混合模式

图层的混合模式是指将相邻的两个图层进行混合，通过色彩叠加达到一定的效果。Photoshop提供了6组（共27种）混合模式，分别是正常模式组、变暗模式组、变亮模式组、对比模式组、色相模式组和调色模式组。下面对常用的混合模式进行详细讲解。

4.2.1 正常模式组

正常模式组分为正常模式和溶解模式，如下左图所示。正常模式是Photoshop的默认模式，对图层不做任何混合调整，上方图层所在区域会遮盖下方图层，如下中图所示。而溶解模式则是将图像以分散的点状形式叠加到下一层图像上，对图像的色彩不产生影响，但与图像的不透明度有关。设置图层的不透明度为60%，效果如下右图所示。

4.2.2 变暗模式组

变暗模式组主要用于去除亮调图像，从而达到使图像变暗的目的，其中包括变暗模式、正片叠底模式、颜色加深模式、线性加深模式和深色模式，如下左图所示。在"图层"面板中，设置图层的混合模式为"正片叠底"，效果如下中图所示；设置图层的混合模式为"线性加深"，效果如下右图所示。

4.2.3 变亮模式组

变亮模式组主要用于去除暗调图像，从而达到使图像变亮的目的，其中包括变亮模式、滤色模式、颜色减淡模式、线性减淡（添加）模式和浅色模式，如下左图所示。在"图层"面板中，设置图层的混合模式为"滤色"，效果如下中图所示；设置图层的混合模式为"颜色减淡"，效果如下右图所示。

4.2.4 对比模式组

对比模式组主要用于去除图像中的亮部和暗部，其中包括叠加模式、柔光模式、强光模式、亮光模式、线性光模式、点光模式和实色混合模式，如下左图所示。在"图层"面板中，设置图层的混合模式为"叠加"，效果如下中图所示；设置图层的混合模式为"强光"，效果如下右图所示。

4.2.5 色相模式组

色相模式组主要用于比较当前图像与底层图像，可以制作各种奇特、反色的效果，其中包括差值模式、排除模式、减去模式和划分模式，如下左图所示。在"图层"面板中，设置图层的混合模式为"差值"，效果如下中图所示；设置图层的混合模式为"划分"，效果如下右图所示。

4.2.6 调色模式组

调色模式组主要是透过上面一层图像的色彩信息，不同程度地映衬出下面图层中的图像，其中包括色相模式、饱和度模式、颜色模式和明度模式，如下左图所示。在"图层"面板中，设置图层的混合模式为"颜色"，效果如下中图所示；设置图层的混合模式为"明度"，效果如下右图所示。

4.3 图层样式

图层样式的应用是Photoshop中非常实用的功能，能够让用户非常轻松地为图像、文字等图层添加发光、投影、描边等效果，使图像更加有质感。下面将对图层样式的相关内容进行详细介绍。

4.3.1 添加图层样式

为图层添加样式，一般有三种方法。第一种方法是选择需要添加图层样式的图层，在菜单栏中执行"图层>图层样式"命令，在弹出的子菜单中选择需要添加的样式选项，如下页左图所示。然后，在弹出的"图层样式"对话框中选择需要添加的图层样式，并设置相关参数，如下页右图所示。

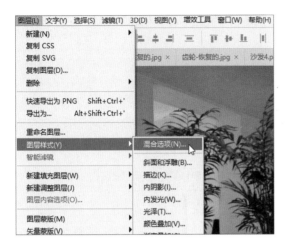 

第二种方法是单击"图层"面板中的"添加图层样式"按钮 fx，在打开的列表中选择一个样式选项，如下左图所示。然后，在弹出的"图层样式"对话框中进行相应的参数设置即可。第三种方法是双击需要添加图层样式的图层，即可弹出"图层样式"对话框。添加了图层样式的图层右侧会显示"fx"字样，如下右图所示。

4.3.2 "斜面和浮雕"图层样式

"斜面和浮雕"图层样式可以增强图像边缘的明暗度，使图层呈现出立体效果。在菜单栏中执行"图层>图层样式>斜面和浮雕"命令，如下左图所示。在弹出的"图层样式"对话框中设置相关参数，如下右图所示。

 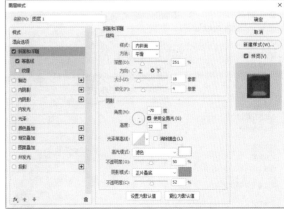

在"斜面和浮雕"样式列表的下方还有两个复选框，分别是"等高线"和"纹理"选项，可用于调整图像的细节，如下图所示。

完成上述操作后，图像已经出现了斜面和浮雕的效果，前后效果的对比，如下两图所示。

4.3.3 "描边"图层样式

"描边"图层样式是使用颜色、渐变或图案对当前图层中的图像进行描边，适用于硬边形状。在菜单栏中执行"图层>图层样式>描边"命令，如下左图所示。在弹出的"图层样式"对话框中设置相关参数，如下右图所示。

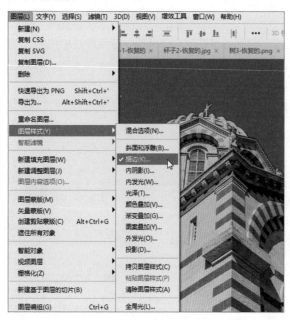 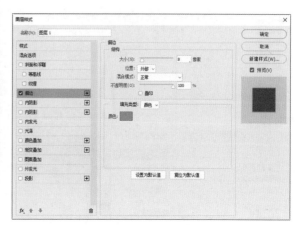

完成上述操作后，图像已经出现了描边效果，前后效果的对比，如下两图所示。

4.3.4 "内阴影"图层样式

"内阴影"图层样式主要用于在图层内容的边缘内部添加阴影，以产生内部凹陷的效果。在菜单栏中执行"图层>图层样式>内阴影"命令，如下左图所示。在弹出的"图层样式"对话框中设置相关参数，如下右图所示。

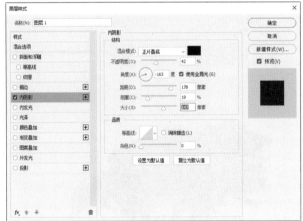

完成上述操作后，花瓶出现了内阴影，变得更加立体了，前后效果的对比，如下两图所示。

4.3.5 "投影"图层样式

"投影"图层样式主要用于在图层内容的后面添加阴影，从而产生立体的效果。在菜单栏中执行"图层>图层样式>投影"命令，如下左图所示。在弹出的"图层样式"对话框中设置相关参数，如下右图所示。

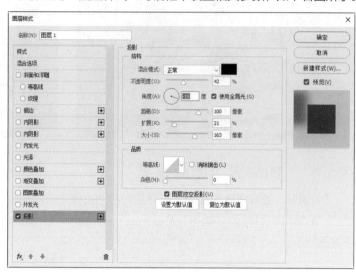

完成上述操作后，前后效果的对比，如下两图所示。

4.3.6 "内发光"图层样式

"内发光"图层样式用于由图层内容的边缘向内制作发光效果。在菜单栏中执行"图层>图层样式>内发光"命令，如下页左图所示。在弹出的"图层样式"对话框中设置相关参数，如下页右图所示。

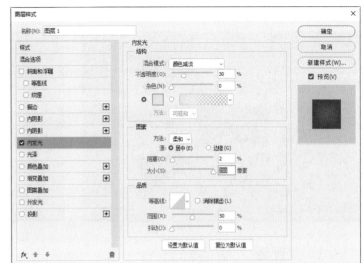

完成上述操作后，前后效果的对比，如下两图所示。

4.3.7 "外发光"图层样式

"外发光"图层样式主要用于由图层内容的边缘向外制作发光效果。在菜单栏中执行"图层>图层样式>外发光"命令，如下左图所示。在弹出的"图层样式"对话框中设置相关参数，如下右图所示。

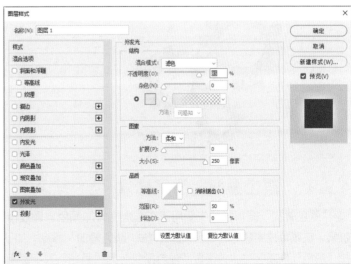

完成上述操作后，图像已经出现了外发光效果。前后效果的对比，如下两图所示。

4.3.8 "光泽"图层样式

"光泽"图层样式可以创建光滑的内部阴影，通常用于制作金属光泽效果。在菜单栏中执行"图层>图层样式>光泽"命令，如下左图所示。在弹出的"图层样式"对话框中设置相关参数，如下右图所示。

 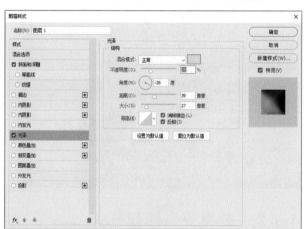

完成上述操作后，前后效果的对比，如下两图所示。

4.3.9 "颜色叠加"图层样式

"颜色叠加"图层样式主要用于在图层上叠加颜色。通过修改混合模式和不透明度，调整颜色的叠加效果。在菜单栏中执行"图层>图层样式>颜色叠加"命令，如下页左图所示。弹出"图层样式"对话框，在"颜色"选项区域中，设置"混合模式"为"柔光"、"不透明度"值为100%，如下页右图所示。

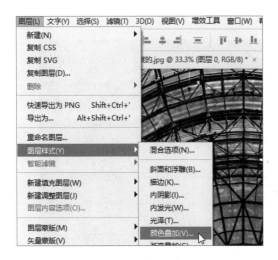
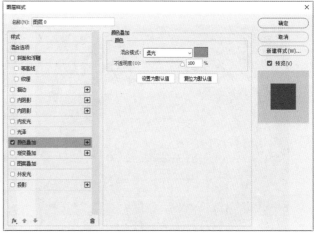

完成上述操作后，前后效果的对比，如下两图所示。

4.3.10 "渐变叠加"图层样式

"渐变叠加"图层样式主要用于在图层上叠加渐变颜色。在菜单栏中执行"图层>图层样式>渐变叠加"命令，如下左图所示。在弹出的"图层样式"对话框中设置相关参数，如下右图所示。

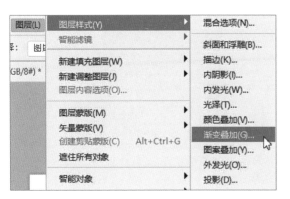
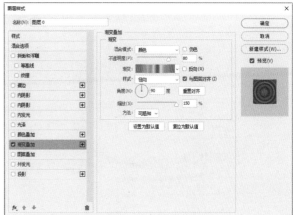

完成上述操作后，前后效果的对比，如下两图所示。

4.3.11 "图案叠加"图层样式

"图案叠加"图层样式主要用于在图层上叠加预设或者自定义的图案。在菜单栏中执行"图层>图层样式>图案叠加"命令，如下左图所示。在弹出的"图层样式"对话框中设置相关参数，如下右图所示。

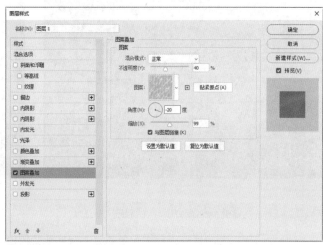

完成上述操作后，前后效果的对比，如下两图所示。

4.4　编辑图层样式

图层样式的应用是非常灵活的功能，我们可以随时修改图层样式的参数。例如图层样式的拷贝和粘贴、隐藏和显示，以及效果的删除等，这些操作都不会对图层中的图像构成造成任何破坏。下面分别进行详细介绍。

4.4.1　拷贝和粘贴图层样式

拷贝和粘贴图层样式，可以通过执行相关命令进行操作。首先，选择已经添加图层样式的图层，单击鼠标右键，选择"拷贝图层样式"命令，如下左图所示。然后，选择目标图层，单击鼠标右键，选择"粘贴图层样式"命令，如下右图所示。这样，图层中的效果就被复制到新图层中了。执行"图层>图层样式>拷贝图层样式"命令和"图层>图层样式>粘贴图层样式"命令，可以达到相同的效果。

如果需要拷贝和粘贴的图层之间距离较近，可以使用快捷键进行操作，会更加便捷。按住Alt键的同时，将要复制图层样式的指示图层效果图标 fx 拖动到要粘贴的图层上，如下左图所示。释放鼠标左键，即可复制该图层样式到目标图层中。如果没有按住Alt键，所选的图层样式将会转移到目标图层中，原图层将不再有图层样式的效果，如下右图所示。

4.4.2　隐藏和显示图层样式

隐藏图层样式有两种形式。一种是隐藏当前图层中的任意图层样式，操作方法是：单击已添加图层样式左侧的"打开或关闭单一图层效果可见性"图标 ⊙ ，隐藏当前图层中相应的图层样式，如下左图所示。另一种是隐藏当前图层中的所有图层样式，操作方法是：单击图层样式前的"切换所有图层效果可见性"图标 ⊙ ，如下中图所示。隐藏该图层的所有图层样式后，再单击该图标，即可显示刚刚隐藏的效果。用户也可以右击图层效果图标 fx ，选择"停用图层效果"命令，隐藏该图层的所有图层样式，如下右图所示。

4.4.3　删除图层样式

删除图层样式有两种方法。一种是删除图层中应用的部分图层样式，操作方法是：展开图层样式，将需要删除的图层样式拖动到"删除图层"按钮 🗑 上。删除该图层样式后，其他图层样式依然保留，如下左图所示。另一种是删除当前图层的所有图层样式，操作方法是选中当前图层并右击鼠标，选择"清除图层样式"命令，如下中图所示。或是将需要删除图层样式的图层的"指示图层效果"图标 fx 拖动到"删除图层"按钮 🗑 上，也可以达到删除该图层所有图层样式的效果，如下右图所示。

> **提示：折叠和展开图层样式**
>
> 　　为图层添加图层样式后，在图层右侧会显示一个"在面板中显示图层效果"按钮 ▲ 。当三角形图标指向下端时 ▼ ，该图层上的所有图层样式呈折叠状态，单击该按钮，图层样式将展开。

实战练习 使用图层样式表现沙发的质感

本实例将通过使用图层样式表现沙发质感的练习，对所学内容进行巩固，具体操作如下：

步骤 01 启动Photoshop 2024，执行"文件>打开"命令，在弹出的"打开"对话框中，选择"沙发"素材，单击"打开"按钮，如下左图所示。

步骤 02 按下快捷键Ctrl+T，对沙发进行大小和位置的调整，如下右图所示。

步骤 03 新建一个图层，将它命名为"背景"，置于图层最下方，如下左图所示。

步骤 04 单击工具栏中的"设置背景色"图标，打开"拾色器（背景色）"对话框，选择一个颜色，单击"确定"按钮，如下右图所示。

步骤 05 按下Ctrl+Delete组合键，填充背景色，填充后的效果如下左图所示。

步骤 06 在"图层"面板中，单击"沙发"图层，执行"图层>图层样式>混合选项"命令或双击图层空白处，即可弹出"图层样式"对话框。选择"内阴影"图层样式，设置相关参数，然后单击"确定"按钮，如下右图所示。

 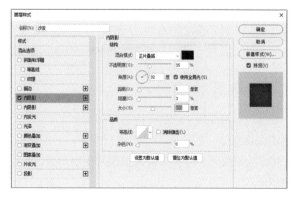

步骤 07 接下来，选择"投影"图层样式。在"结构"选项区域中，设置"混合模式"为正片叠底、"不透明度"值为59%、"角度"值为88、"距离"值为63、"大小"值为98，如下左图所示。

步骤 08 单击"投影"图层样式旁边的加号按钮田，再增加一个"投影"图层样式。同样在"结构"选项区域中，设置"混合模式"为正片叠底、"不透明度"值为59%、"角度"值为88、"距离"值为12、"大小"值为24，如下右图所示。

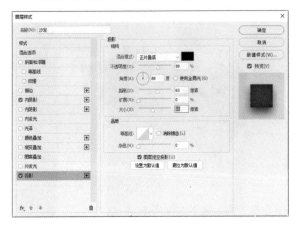 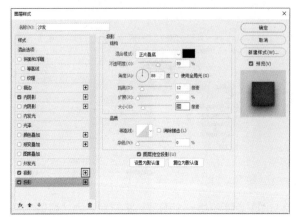

步骤 09 单击"确定"按钮，完成设置。返回绘图区，查看前后对比效果，如下两图所示。

4.5 图像选区

选区是Photoshop中非常重要的功能之一，也是室内设计效果表现经常会用到的功能。本章将学习创建规则和不规则选区的方法，用户将学会利用命令创建选区并修改图像，还将掌握选区的基础操作，为Photoshop功能的全面应用打下基础。

4.5.1 选区的概念

选区可以将图层中的部分内容隔离出来，单独进行处理。选区建立后，几乎所有的操作都只对选区范围内的图像有效。如果要对全图进行操作，必须先取消选区。另外，选区也可以分离图像。选择一张图片，如下页左图所示。如果要为该图片更换背景，可以使用选区抠出图像，再将其置于新的背景中，如下页右图所示。

4.5.2　通过工具创建选区

选区的创建有多种方法，下面介绍一些常用的创建选区的工具。

（1）选框工具组

如果需要创建一个规则的选区，如矩形选区、椭圆形选区，可以在工具栏中选择选框工具，如下左图所示。然后，在图像中拖动光标，即可绘制选区，如下右图所示。

（2）套索工具组

如果需要创建一个不规则的选区，可以在工具栏中选择套索工具，如下页左图所示。套索工具主要用于创建手绘类不规则选区，一般不用来精确创建选区。使用多边形套索工具，可以轻松地绘制出具有多边形形态的图像选区，如下页中图所示。磁性套索工具是一种比较智能的选择类工具，可以贴着主物体的轮廓自动创建选区，如下页右图所示。

（3）快速选择工具组

快速选择工具组包含对象选择工具、快速选择工具和魔棒工具，可以快速框选出图像中需要着重处理的部分，如下左图所示。对象选择工具可以自动检测并选定图像中的对象或区域，不需要做精确的边缘绘制，只需要框选出一定范围，即可自动生成选区，如下右图所示。

快速选择工具比较适合选择图像和背景的对比度较高的图像，选取范围会随着光标的移动而自动向外扩展，操作自由性很高。使用快速选择工具选择草莓图像的效果，如下左图所示。魔棒工具可以在一些背景较为单一的图像中，快速创建选区。单击图像中的白色区域，可快速创建选区，从而轻松抠取出图像，如下右图所示。

（4）钢笔工具

钢笔工具可以创建更加精细的选区，如毛发、复杂的细节等。在工具栏中选择钢笔工具，如下左图所示。使用钢笔工具沿着主物体的轮廓边缘建立锚点，如下右图所示。

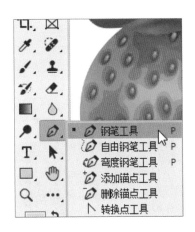

闭合锚点，然后右击鼠标，在快捷菜单中选择"建立选区"命令，如下左图所示。在弹出的"建立选区"对话框中进行参数设置，然后单击"确定"按钮，即可建立选区，如下右图所示。

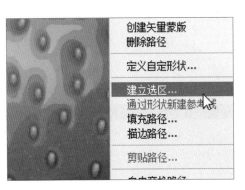
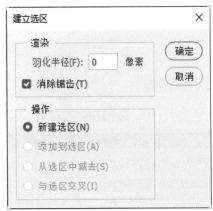

4.5.3 通过命令创建选区

在Photoshop中，除了可以使用工具创建选区外，用户还可以通过执行相关命令来创建选区，下面进行详细介绍。

（1）"色彩范围"命令

"色彩范围"命令可以从图像中一次得到一种颜色或几种颜色的选区，十分便捷。在Photoshop中，任意打开一个图像文件，然后执行"选择>色彩范围"命令，如下页左图所示。弹出"色彩范围"对话框，如下页中图所示。将吸管放在图像或黑白预览区域上，对颜色进行取样，根据需要设置颜色容差，然后单击"确定"按钮，即可创建选区，如下页右图所示。

（2）"主体"命令

"主体"命令是基于人工智能算法实现的，适用于边缘较为清晰的人物或物体图像。打开一个图像文件，执行"选择>主体"命令，如下左图所示。Photoshop会自动选择图层上的主物体，如下右图所示。

提示："取消选择"命令

"取消选择"命令主要用于取消已创建的选区。常用的取消选区的方法有三种：一是执行"选择>取消选择"命令，如下左图所示；二是按下快捷键Ctrl+D，这是比较常用且快捷的一种方法；三是选择任意一种选区创建工具，在图像中的任意位置右击鼠标，然后选择"取消选择"命令，如下右图所示。

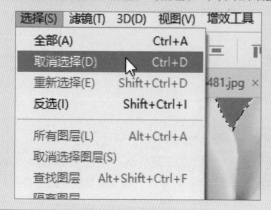

4.6 选区的基础操作

在了解了如何创建选区之后，本节将对选区的基础操作进行讲解，包括选区的移动、选区的运算、选区的反选、选区的扩展与收缩、选区的羽化和选区的描边等。下面分别进行详细介绍。

4.6.1 选区的移动

移动选区时，保持工具栏中的选区工具不变，将光标移动到选区内或边缘位置，当光标变为形状时，按住鼠标左键进行拖动即可，如下左图所示。创建选区之后，在工具栏中选择移动工具，当光标变为形状时，按住鼠标左键进行拖动即可，如下中图所示。然后，即可移动选区内的图像，如下右图所示。

4.6.2 选区的运算

选区的运算，是指图像中存在选区的情况下，如下左图所示。使用"添加到选区""从选区减去""与选区交叉"等功能，创建新的选区，如下中图所示，单击属性栏中的"添加到选区"按钮，可以多次绘制选区，重叠部分会自动合并，如下右图所示。单击属性栏中的"从选区减去"按钮，可以从原选区中减去新绘制的选区。单击属性栏中的"与选区交叉"按钮，则只保留重叠部分的选区。

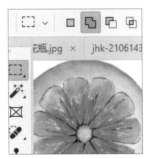

4.6.3 选区的反选

当主物体或区域的边缘不清晰时，通过反向选择的操作，可以使图像的选取更简捷。先在图像中创建选区，如下左图所示。在菜单栏中执行"选择>反选"命令或按下Shift+Ctrl+I组合键，可以选择选区之外的图像，如下右图所示。

4.6.4 选区的扩展与收缩

扩展选区，即按指定数量的像素扩大选择区域，使操作更加精确。在图像中绘制选区，如下左图所示。执行"选择>修改>扩展"命令，打开"扩展选区"对话框，设置"扩展量"为20像素，如下中图所示。单击"确定"按钮，此时图像中的选区沿沙发边缘进行了扩展，效果如下右图所示。

收缩选区，即按指定数量的像素缩小选择区域，从而可以去除图像边缘的杂色。在图像中绘制选区，如下页左图所示。执行"选择>修改>收缩"命令，打开"收缩选区"对话框，设置"收缩量"为20像素，如下页中图所示。单击"确定"按钮，此时图像中的选区沿沙发边缘进行了收缩，效果如下页右图所示。

4.6.5 选区的羽化

羽化功能可以使选区边缘变得柔和。创建选区后,执行"选择>修改>羽化"命令,如下左图所示。在弹出的"羽化选区"对话框中,设置"羽化半径"为25像素,如下右图所示。羽化值越大,选区边缘模糊的范围越大。

羽化选区后,需要将羽化的选区从原图像中抠取出来才能看到效果,对比效果如下两图所示。

4.6.6 选区的描边

对选区使用"描边"命令，可以填充选区边缘，并可以设置宽度和颜色。打开一幅图像，在图像中绘制一个选区，如下左图所示。执行"编辑>描边"命令，在打开的"描边"对话框中，设置描边的"宽度"和"位置"，如下中图所示。单击"确定"按钮，效果如下右图所示。

知识延伸：中性灰图层

中性灰图层是一个过渡图层，在Photoshop中添加黑色、白色和50%灰色图层之后，在特定模式下，不会对其他图层产生影响。例如新建一个图层，设置图层的混合模式为"柔光"，执行"编辑>填充"命令，在打开的"填充"对话框中，设置"内容"为"50%灰色"，如下左图所示。单击"确定"按钮，可以看到添加的中性灰图层对图像没有产生任何影响，如下右图所示。

上机实训：替换图像中的窗外景色

扫码看视频

学习完本章内容，相信读者对Photoshop的图层和选区的操作有了一定的了解。下面以替换图像的窗外景色为例，巩固本章所学的内容。具体操作如下：

步骤01 在菜单栏中执行"文件>打开"命令，在弹出的"打开"对话框中选择"窗户"素材，如下页左图所示。

步骤 02 单击"打开"按钮，打开后的图像效果如下右图所示。

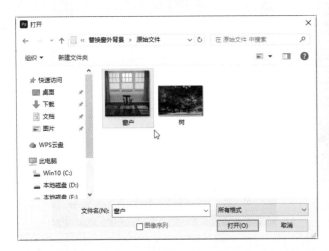

步骤 03 在工具栏中选择"快速选择工具"，如右图所示。使用"新选区""添加到选区""从选区减去"等功能，调整画笔的大小，快速精确地进行选区的创建。

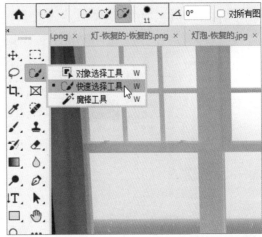

步骤 04 按住鼠标左键，在窗户区域进行拖动，完成选区的创建，如右图所示。

提示：精确创建选区

在拖动鼠标进行选区扩展时，常常会扩展出多余的区域，这时可以通过调节画笔大小，或是单击"从选区减去"图标，然后按住鼠标左键进行拖动，将不需要的区域减去。同理，若使用快速选择工具未能一次性选中图像的某个区域，则可以在此基础上进行修改，即单击"添加到选区"图标，按住鼠标左键进行拖动，根据需要扩展选区的区域。

步骤 05 在"图层"面板中，单击"背景"图层的解锁图标，如下左图所示。

步骤 06 按下Delete键，删除选区内容，接着按下快捷键Ctrl+D取消选区，如下右图所示。

步骤 07 执行"文件>置入嵌入对象"命令，在弹出的"置入嵌入的对象"对话框中，选择"树"素材，单击"置入"按钮，如下左图所示。

步骤 08 置入后，对"树"素材进行变换操作，调整大小和位置后的效果如下右图所示。

步骤 09 按住Ctrl键，用鼠标拖动图片四个角的控制点，使图片更好地与窗户形状吻合，如下左图所示。

步骤 10 在"图层"面板中，选中"树"图层，将该图层拖到最下方，完成后的效果如下右图所示。

课后练习

一、选择题（部分多选）

（1）如果要选择多个不相邻的图层，可以在按住（　　）键的同时，单击这些图层。

　　A. Shift　　　　　　　　　　　B. Ctrl

　　C. Alt　　　　　　　　　　　　D. Enter

（2）图层混合模式中的变暗模式组包含（　　）混合模式。

　　A. 正片叠底　　　　　　　　　B. 滤色

　　C. 颜色加深　　　　　　　　　D. 叠加

（3）使用（　　）命令可以使选区边缘变得模糊、柔和。

　　A. 反选　　　　　　　　　　　B. 描边

　　C. 收缩　　　　　　　　　　　D. 羽化

二、填空题

（1）当背景图层不需要修改时，可以单击＿＿＿＿＿＿图标将其锁定。

（2）Photoshop中的图层样式包括＿＿＿＿＿、＿＿＿＿＿、＿＿＿＿＿、＿＿＿＿＿、＿＿＿＿＿、＿＿＿＿＿、＿＿＿＿＿、＿＿＿＿＿、＿＿＿＿＿和＿＿＿＿＿。

（3）执行＿＿＿＿＿命令，可以快速从图像中一次得到一种颜色的所有选区。

三、上机题

　　首先打开素材文件，如下左图所示。尝试使用书中给定的素材替换天空背景，制作完成后的效果如下右图所示。

操作提示

① 执行"文件>打开""文件>置入嵌入对象"命令，打开和置入所需要的文件。

② 使用工具栏中的快速选择工具，创建天空的选区。

③ 灵活使用图层样式，使整体效果更加融合。

Ps 第5章 颜色模式和色彩调整

本章概述

　　本章主要讲述Photoshop图像的颜色模式和色彩调整。通过本章内容的学习，读者可以用不同的色彩工具对图像的色彩、色调以及光效等进行处理。

核心知识点

❶ 了解图像的颜色模式
❷ 掌握图像色彩色调调整工具的应用
❸ 掌握图像调整的方法和技巧
❹ 掌握图像光效的处理方法

5.1 图像的颜色模式

　　图像的颜色模式决定了所创建的颜色通道的数量。Photoshop提供了8种不同的颜色模式，分别为位图模式、灰度模式、双色调模式、索引颜色模式、RGB颜色模式、CMYK颜色模式、Lab颜色模式和多通道模式。下面将分别进行介绍。

5.1.1 位图模式

　　位图模式只有纯黑和纯白两种颜色，一般用于制作单色图像。只有灰度模式和双色调模式才能转换为位图模式。在菜单栏中执行"图像>模式>位图"命令，可以将图像调整为位图模式，如下左图所示。在弹出的"位图"对话框中设置相关参数，如下右图所示。

　　完成上述操作后，图像的前后对比效果，如下两图所示。

5.1.2 灰度模式

　　灰度模式使用不同的灰度级显示图像。将图像转换为灰度模式后，所有的色彩信息都会被删除。在菜单栏中执行"图像>模式>灰度"命令，可以将图像调整为灰度模式，如下左图所示。在弹出的提示对话框中单击"扔掉"按钮，如下右图所示。

完成上述操作后，图像的前后对比效果，如下两图所示。

5.1.3 双色调模式

双色调模式是通过1～4种自定油墨创建灰度图像。为图像设置双色调模式前，需要先将图像调整为灰度模式，然后在菜单栏中执行"图像>模式>双色调"命令，如下左图所示。在弹出的"双色调选项"对话框中设置相应的参数，单击"确定"按钮，如下右图所示。

完成上述操作后，图像的前后对比效果，如下两图所示。

5.1.4 索引颜色模式

索引颜色模式可生成最多256种颜色的8位图像文件，GIF格式的图像一般默认为索引颜色模式。索引颜色模式能够在保持多媒体演示文稿、网页等所需的视觉品质的同时，减小文件的存储空间。在菜单栏中执行"图像>模式>索引颜色"命令，可以将图像调整为索引颜色模式，如下左图所示。在弹出的"索引颜色"对话框中设置相应的参数，单击"确定"按钮，如下右图所示。

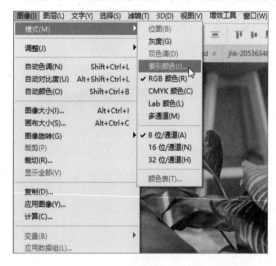 

5.1.5 RGB颜色模式

RGB颜色模式是使用最广泛、屏幕显示最佳的颜色模式。RGB颜色模式基于红（Red）、绿（Green）、蓝（Blue）三种基本颜色组合而成，所以它是24(8×3)位/像素的三通道图像模式，最多可以重现1670万种颜色/像素，但它所表示的实际颜色的范围会因应用程序或显示设备而异。

在Photoshop中，RGB是首选颜色模式，除非有特殊要求而使用特定的颜色模式。在RGB颜色模式下，可以使用Photoshop中所有的工具和命令，其他模式则会受到限制。但是RGB颜色模式不能用于印刷，因为印刷时会损失一部分颜色细节。在菜单栏中执行"图像>模式>RGB颜色"命令，可以将图像调整为RGB颜色模式，如下页左图所示。RGB颜色模式下的"颜色"面板，如下页右图所示。

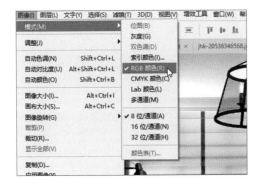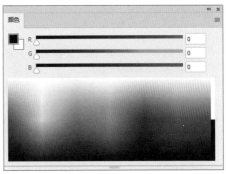

5.1.6 CMYK颜色模式

CMYK是常用于商业印刷的一种四色印刷模式。在CMYK颜色模式下，可以为每个像素的每种印刷油墨指定一个百分比值。由于CMYK为印刷色而非发光色，因此相较于RGB颜色模式，会更暗淡一些。在菜单栏中执行"图像>模式>CMYK颜色"命令，可以将图像调整为CMYK颜色模式，如下左图所示。CMYK颜色模式下的"颜色"面板，如下右图所示。

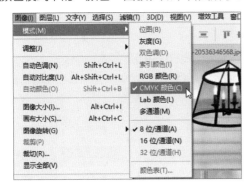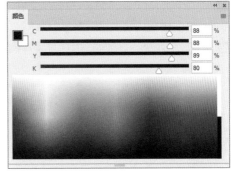

5.1.7 Lab颜色模式

Lab模式是颜色的显示方式，而不是设备（如显示器、打印机或数码相机）生成颜色所需的特定色料的数量。在菜单栏中执行"图像>模式>Lab颜色"命令，可以将图像调整为Lab颜色模式，如下左图所示。Lab颜色模式下的"颜色"面板，如下右图所示。

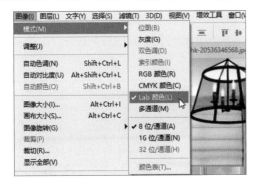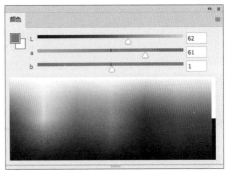

5.1.8 多通道模式

多通道模式是一种减色模式，适用于特殊打印。如果删除RGB、CMYK、Lab模式的某个颜色通道，图像会自动转换为多通道模式。在菜单栏中执行"图像>模式>多通道"命令，可以将图像调整为多通道模式，如下左图所示。可以在"通道"面板中看到，已经变成了由青色、洋红和黄色三个通道组成的图像，如下右图所示。

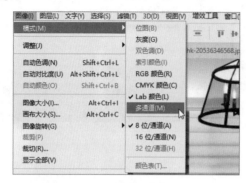 

实战练习 修改图像的颜色模式

通过对上述内容的学习，我们了解到了颜色模式的相关内容。下面将以一张室内照片调整为印刷颜色模式为例，巩固所学的内容。具体操作方法如下：

步骤01 启动Photoshop 2024，执行"文件>打开"命令，打开"打开"对话框，选择"卧室"图像文件，单击"打开"按钮，如下左图所示。

步骤02 在菜单栏中执行"图像>模式>CMYK颜色"命令，如下右图所示。

 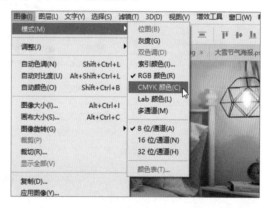

步骤03 调整后的图像效果，如下左图所示。

步骤04 CMYK颜色模式的图像颜色会比RGB颜色模式的图像颜色暗淡，这时可以通过调整图像的"色相/饱和度"来调整图像的颜色，如下右图所示。调整图像色相/饱和度的相关操作，后续会进行详细讲解。

5.3.2 "色阶"命令

"色阶"命令是通过调整图像的阴影、中间调和高光的强度级别，从而校正图像的色调范围和色彩平衡。在菜单栏中执行"图像>调整>色阶"命令，如下左图所示。在弹出的"色阶"对话框中，设置"色阶"值分别为53、1.09、229，单击"确定"按钮，如下右图所示。

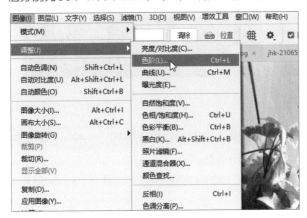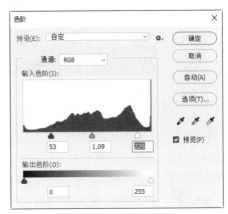

完成上述操作后，图像的阴影、中间调、高光都得到了精确调整，前后对比效果如下两图所示。

5.3.3 "曲线"命令

"曲线"命令可以对图像的对比度、明度和色调进行精确调整。使用该命令，可以从暗调到高光的色调范围内，对多个不同的点位进行调整。在菜单栏中执行"图像>调整>曲线"命令，如下左图所示。在弹出的"曲线"对话框中设置相应的参数，单击"确定"按钮，如下右图所示。

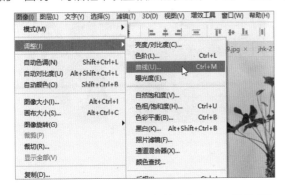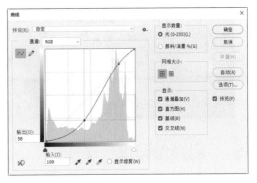

完成上述操作后，前后对比效果如下页两图所示。

5.3.4 "曝光度"命令

"曝光度"命令可以模拟数码相机内部的曝光程序，对图片进行二次曝光处理，一般用于处理由相机拍摄的曝光不足或曝光过度的照片。在菜单栏中执行"图像>调整>曝光度"命令，如下左图所示。在弹出的"曝光度"对话框中设置相应的参数，单击"确定"按钮，如下右图所示。

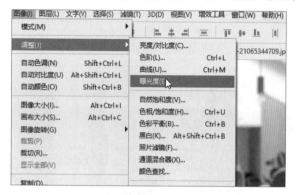 

完成上述操作后，可以看到图像的曝光度变高了，前后对比效果如下两图所示。

5.3.5 "自然饱和度"命令

"自然饱和度"命令可以在颜色接近最大饱和度时，最大限度地减少颜色的流失，同时还可以防止颜色过度饱和。在菜单栏中执行"图像>调整>自然饱和度"命令，如下页左图所示。在弹出的"自然饱和度"对话框中，设置"自然饱和度"值为+50、"饱和度"值为+32，单击"确定"按钮，如下右图所示。

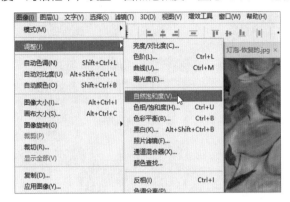 

完成上述操作后，可以看到图像的饱和度变高了，前后对比效果如下两图所示。

5.3.6 "色相/饱和度"命令

"色相/饱和度"命令可以调整图像中特定颜色范围的色相、饱和度和明度，同时可以调整图像中的所有颜色。在菜单栏中执行"图像>调整>色相/饱和度"命令，如下左图所示。在弹出的"色相/饱和度"对话框中，设置"色相"值为–5、"饱和度"值为+40、"明度"值为+4，单击"确定"按钮，如下右图所示。

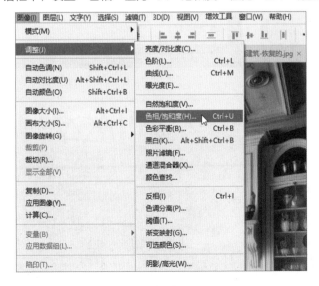 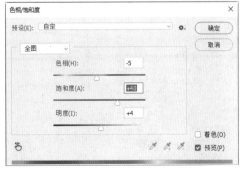

完成上述操作后，前后对比效果如下页两图所示。

5.3.7 "色彩平衡"命令

"色彩平衡"命令可以增加或减少图像中的颜色，从而调整整体图像的色彩平衡，多用于校正图像中的颜色缺陷。在菜单栏中执行"图像>调整>色彩平衡"命令，如下左图所示。在弹出的"色彩平衡"对话框中设置"色阶"值分别为+53、+16、−36，单击"确定"按钮，如下右图所示。

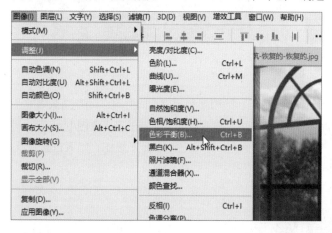 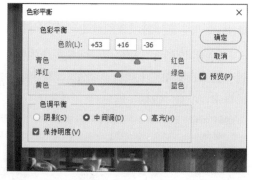

完成上述操作后，前后对比效果如下两图所示。

实战练习 通过颜色调整命令使图片更具有氛围感

通过对上述内容的学习，我们了解到了颜色调整命令的相关内容。下面使用几种常用的颜色调整命令来修饰图片，使图片更具氛围感。具体操作方法如下：

步骤 01 启动Photoshop 2024，执行"文件>打开"命令，打开"餐厅"图像文件，如下左图所示。

步骤 02 在菜单栏中执行"图像>调整>亮度/对比度"命令，在弹出的"亮度/对比度"对话框中，设置"亮度"值为28、"对比度"值为58，单击"确定"按钮，如下右图所示。

步骤 03 调整后，图像的亮度和对比度都提高了，如下左图所示。

步骤 04 在菜单栏中执行"图像>调整>曲线"命令，在弹出的"曲线"对话框中设置相应的参数，单击"确定"按钮，如下右图所示。

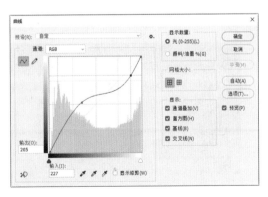

步骤 05 调整后的图像效果，如下页左图所示。

步骤 06 在菜单栏中执行"图像>调整>色彩平衡"命令，在弹出的"色彩平衡"对话框中，设置"色阶"值分别为+17、-7、-39，单击"确定"按钮，如下页右图所示。

步骤 07 调整后的图像效果，如下左图所示。

步骤 08 在菜单栏中执行"图像>调整>色相/饱和度"命令，在弹出的"色相/饱和度"对话框中，设置"色相"值为0、"饱和度"值为+26、"明度"值为+5，单击"确定"按钮，如下右图所示。

步骤 09 完成上述操作后，图像调整前后的对比效果，如下两图所示。

5.3.8 "黑白"命令

"黑白"命令可以将彩色图像转换为黑白图像,并可以精细地调整整体图像的色调值。在菜单栏中执行"图像>调整>黑白"命令,如下左图所示。在弹出的"黑白"对话框中设置相应的参数,单击"确定"按钮,如下右图所示。

完成上述操作后,前后对比效果如下两图所示。

5.3.9 "照片滤镜"命令

"照片滤镜"命令可以调节图像颜色的冷暖度和轻微的色彩偏差,同时还可以选择滤镜的颜色。在菜单栏中执行"图像>调整>照片滤镜"命令,如下左图所示。在弹出的"照片滤镜"对话框中,选定"颜色"按钮,单击后面的色块,设置滤镜的颜色。然后设置"密度"值为82,单击"确定"按钮,如下右图所示。

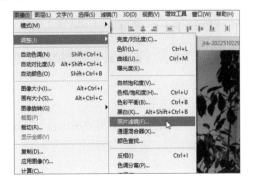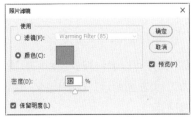

完成上述操作后，前后对比效果如下两图所示。

5.3.10 "通道混合器"命令

"通道混合器"命令可以将图像中的某个通道的颜色，与其他通道中的颜色进行混合，从而达到更改颜色的效果。在菜单栏中执行"图像>调整>通道混合器"命令，如下左图所示。在弹出的"通道混合器"对话框中设置相应的参数，单击"确定"按钮，如下右图所示。

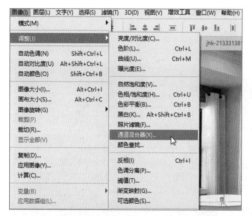 

完成上述操作后，前后对比效果如下两图所示。

5.3.11 "色调分离"命令

"色调分离"命令可以通过减少色阶的数量而减少图像中的颜色。在菜单栏中执行"图像>调整>色调分离"命令，如下页左图所示。在弹出的"色调分离"对话框中，设置"色阶"值为3，单击"确定"按钮，如下页右图所示。

完成上述操作后，前后对比效果如下两图所示。

5.3.12 "阈值"命令

"阈值"命令可以将灰度或彩色图像转换为高对比度的黑白图像。在菜单栏中执行"图像>调整>阈值"命令，如下左图所示。在弹出的"阈值"对话框中，设置"阈值色阶"值为117，单击"确定"按钮，如下右图所示。

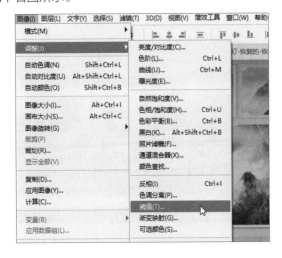
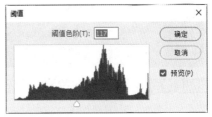

完成上述操作后，前后对比效果如下页两图所示。

5.4 图像色彩调整工具

　　Photoshop中常用的图像色彩调整工具有三种，分别是减淡工具、加深工具和海绵工具。下面将分别进行详细介绍。

5.4.1 减淡工具

　　减淡工具和加深工具是Photoshop中用来改变图像的亮部和暗部的主要工具。通过局部的亮化和暗化，达到改善图像效果的目的。其中，减淡工具可以亮化图像。在工具栏中选择减淡工具，如下左图所示。在减淡工具的属性栏中设置相关参数，然后在亮度不够的区域进行涂抹，如下右图所示。

　　完成上述操作后，可以看到图像的亮部效果更好了，前后对比效果如下两图所示。

提示：使用图像色彩调整工具时为什么图像变得色彩不均匀

　　使用图像色彩调整工具涂抹图像时，必须拖动鼠标逐一涂抹，切忌在画面中不停地拖动鼠标进行涂抹，因为这样很容易造成图像亮度的不均匀。

5.4.2 加深工具

加深工具的作用与减淡工具相反，它可以使图像变暗。加深工具与减淡工具的属性栏的参数设置相似。在工具栏中选择加深工具，如下左图所示。在加深工具的属性栏中设置相应的参数，然后在图像的暗部区域进行涂抹，如下右图所示。

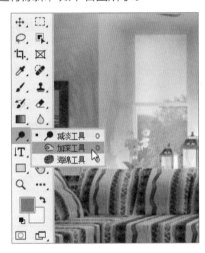

完成上述操作后，可以看到前后对比效果，如下两图所示。

5.4.3 海绵工具

海绵工具是一种调整图像饱和度的工具，可以提高或降低图像的色彩饱和度。在工具栏中选择海绵工具，如下左图所示。在海绵工具的属性栏中设置相应的参数，然后在图像上进行涂抹，如下右图所示。

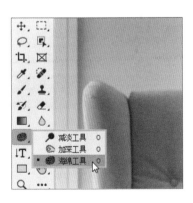

完成上述操作后，图像的前后对比效果，如下两图所示。

提示：合理运用图像色彩调整工具的属性栏

运用色彩调整工具的属性栏，可以更好地帮助用户处理图像。减淡工具和加深工具的属性栏中主要包括画笔、范围、曝光度等参数。画笔可以调节涂抹笔触的大小和形状；范围用于控制图像中减淡和加深的范围，其中包括阴影、中间调、高光三个选项；曝光度用于处理图像的曝光强度。在海绵工具的属性栏中，画笔同样是调节涂抹笔触的；模式分为去色和加色，即降低和提高饱和度；流量可以控制降低或提高饱和度的强度。

 知识延伸：应用"直方图"面板

Photoshop中的直方图用图形表示图像的每个亮度级别的像素数量，展现了像素在图像中的分布情况。通过"直方图"面板，我们可以观察图像中的阴影（在面板左侧部分显示）、中间调（在面板中部显示）以及高光（在面板右侧部分显示）等细节。"直方图"面板可以辅助用户确定某个图像是否有足够的细节来进行良好的颜色校正。在菜单栏中执行"窗口>直方图"命令，如下左图所示。在打开的"直方图"面板中可以看到相对应的颜色分布图，如下右图所示。

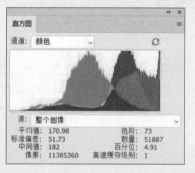

 上机实训：休息室色彩调整

学习完本章内容，相信用户对Photoshop图像的色彩调整有了一定的了解。下面以休息室色彩调整的操作，巩固本章所学的内容。具体操作如下：

扫码看视频

步骤01 打开Photoshop 2024，执行"文件>打开"命令，在弹出的"打开"对话框中选择"休息室"素材，单击"打开"按钮，如下左图所示。

步骤 02 打开后，可以看到休息室图像的亮度过低，颜色偏灰，如下右图所示。

步骤 03 执行"图像>调整>曝光度"命令，在弹出的"曝光度"对话框中设置相关参数，单击"确定"按钮，如下左图所示。

步骤 04 设置后，图像整体变亮，光效更加明显了，效果如下右图所示。

步骤 05 执行"图像>调整>色阶"命令，在弹出的"色阶"对话框中设置相关参数，单击"确定"按钮，如下左图所示。

步骤 06 设置后，可以看到图像的亮部更亮、暗部更暗了，如下右图所示。

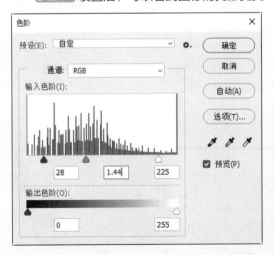

步骤 07 执行"图像>调整>色彩平衡"命令，在弹出的"色彩平衡"对话框中设置相关参数，让亮部色彩偏暖、暗部色彩偏冷，单击"确定"按钮，如下页两图所示。

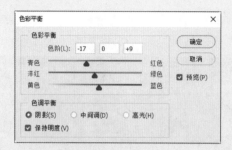 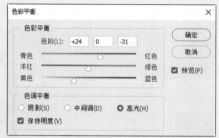

步骤 08 设置后的效果如下左图所示。

步骤 09 执行"图像>调整>色相/饱和度"命令，在弹出的"色相/饱和度"对话框中设置相关参数，单击"确定"按钮，如下右图所示。

步骤 10 设置后，图像整体的饱和度提高了，如下左图所示。

步骤 11 执行"图像>调整>亮度/对比度"命令，在弹出的"亮度/对比度"对话框中设置相关参数，单击"确定"按钮，如下右图所示。

 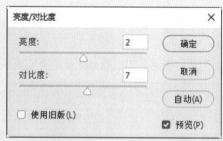

步骤 12 设置后，图像的亮度和对比度明显提高了。完成上述操作后，图像调整前后的对比效果，如下两图所示。

课后练习

一、选择题（部分多选）

（1）常用于商业印刷的一种四色印刷模式是（　　）模式。

    A. RGB   B. CMYK

    C. 双色调   D. 位图

（2）要将图像调整为双色调模式，需要先将图像调整为（　　）模式。

    A. 位图   B. Lab颜色

    C. 灰度   D. 多通道

（3）下列颜色调整命令中，（　　）命令可以对图像的对比度、明度和色调进行精确调整。

    A. 曲线   B. 自然饱和度

    C. 色彩平衡   D. 去色

（4）要想将画面调亮，可以使用（　　）颜色调整命令。

    A. 亮度/对比度   B. 色阶

    C. 曲线   D. 自然饱和度

二、填空题

（1）_____颜色模式是应用最广泛、屏幕显示最佳的颜色模式。

（2）想要自动对图像的颜色和色调进行简单调整，可以使用_____、_____或_____命令。

（3）图像的色彩调整工具包括_____、_____和_____等。

三、上机题

    首先，打开素材文件，如下左图所示。运用本章介绍的色彩调整方法，调整夜晚卧室的色彩，制作完成的效果如下右图所示。

操作提示

① 执行"文件>打开"命令，打开所需要的文件。

② 使用色彩调整命令，润色图片。

③ 注意夜晚与白天光效亮度的区别。

Ps 第6章 蒙版和通道

本章概述

蒙版是Photoshop中合成图像时常用的一个重要功能，使用蒙版处理图像是一种非破坏性的编辑方式。通道可以将图像中不同的颜色分别创建为选区，并且，可以对选中的区域进行单独编辑。本章将对蒙版和通道进行详细介绍。

核心知识点

❶ 了解蒙版的作用

❷ 掌握不同类型蒙版的应用

❸ 了解通道的作用

❹ 掌握通道的编辑

6.1 认识蒙版

在Photoshop中，蒙版是一种遮盖部分或全部图像的工具，常在合成图像时，用于控制显示或隐藏图像内容，能够制作出神奇的效果。蒙版是一种非破坏性的图像编辑工具，本节将对蒙版的作用和属性进行详细讲解。

6.1.1 蒙版的作用

在Photoshop中，蒙版的作用是将不同灰度的色值转化为不同的透明度，并作用到其所在的图层，使图层不同部位的透明度产生相应的变化。其中，蒙版中的纯白色区域可以遮盖下面图层中的内容，显示当前图层中的图像；蒙版中的纯黑色区域可以遮盖当前图层中的图像，显示下面图层中的内容；蒙版中的灰色区域会根据其灰度值呈现出不同层次的透明效果。

打开素材图片，如下左图所示。在蒙版中，用白色涂抹的区域是可见的，用黑色涂抹的区域会被隐藏，用灰色涂抹的区域呈现半透明的效果，如下右图所示。

6.1.2 蒙版的属性

"属性"面板不仅可以调整图层的参数，还可以对蒙版进行设置。创建蒙版后，选中蒙版所在的图层，在"属性"面板中会出现密度、羽化、选择并遮住、颜色范围、反相等参数，如下页左图所示。用户可以通过调整这些参数，对蒙版进行修改。在图层蒙版缩览图中，可以看到调整后的透明效果，如下右图所示。

6.2 蒙版的分类

Photoshop中的三种蒙版，分别为图层蒙版、剪贴蒙版和矢量蒙版。图层蒙版是通过调整蒙版中的灰度信息，来控制图像中的显示区域，一般适用于制作合成图像或控制填充图案；剪贴蒙版是通过控制一个对象的形状来控制其他图像的显示区域；矢量蒙版则是通过形状、路径等矢量工具来控制图像的显示区域。下面将详细介绍这三种蒙版的应用。

6.2.1 图层蒙版

图层蒙版是图像处理中最常用的蒙版，主要用来显示或隐藏图层的部分内容，保护原图像不因编辑而受到损坏。用户可以单击"图层"面板底部的"图层蒙版"按钮□，如下左图所示。或者在菜单栏中执行"图层>图层蒙版"命令，在子菜单中选择所需的选项，为当前的普通图层添加图层蒙版，如下右图所示。

如果图像中存在选区，执行"图层>图层蒙版>显示选区"命令，可基于选区创建图层蒙版，如下页左图所示。 如果执行"图层>图层蒙版>隐藏选区"命令，则选区内的图像会被蒙版遮盖，如下页右图所示。用户也可以在"图层"面板中单击"图层蒙版"按钮□，从选区生成图层蒙版。

创建图层蒙版后，用户还可以对图层蒙版进行相应的编辑操作，具体如下。

- **复制蒙版：**按住Alt键，拖动图层蒙版缩览图，即可将蒙版复制到目标图层。
- **移动蒙版：**选中图层蒙版后，按住鼠标左键，将其拖动到目标图层上，即可移动蒙版，原图层上不再有蒙版。
- **停用图层蒙版：**按住Shift键的同时，单击图层的蒙版缩览图，即可暂时停用图层蒙版。这时，图像中使用蒙版遮盖的区域会显示出来，图层蒙版缩览图中会出现一个红色的叉号，如下左图所示。
- **重新启用蒙版：**停用图层蒙版后，再次按住Shift键，单击图层蒙版缩览图，即可重新启用图层蒙版，如下右图所示。

6.2.2　剪贴蒙版

剪贴蒙版可以用某个图层的图像，限制它的上层图像的显示范围。剪贴蒙版可以用于多个图层，但它们必须是连续的。在剪贴蒙版中，最下面的图层是基底图层，上面的图层为内容图层。基底图层的名称带有下划线；内容图层的缩略图是缩进的，左侧显示剪贴蒙版的图标 。

在菜单栏中执行"图层>创建剪贴蒙版"命令，或在需要使用剪贴蒙版的图层上右击鼠标，然后在弹出的快捷菜单中选择"创建剪贴蒙版"命令，即可创建剪贴蒙版，如下页左图所示。用户也可以按住Alt键，将光标放在"图层"面板中两组图层之间的分隔线上，然后单击鼠标来完成剪贴蒙版的创建，如下页中图所示。完成操作后的图层面板，如下页右图所示。

创建剪贴蒙版后，用户还可以对剪贴蒙版进行释放。释放剪贴蒙版后，图像效果会回到原始状态。选择带有 图标的图层并右击鼠标，选择"释放剪贴蒙版"命令或按下Ctrl+Alt+G组合键；也可以按住Alt键，将光标放在"图层"面板中两组图层之间的分隔线上，即可释放剪贴蒙版。

6.2.3 矢量蒙版

矢量蒙版是使用形状、路径等矢量工具创建的蒙版。它会将路径覆盖的图像区域隐藏起来，仅显示无路径覆盖的图像区域。在图层上绘制路径后，单击属性栏中的"蒙版"按钮，即可将绘制的路径转换为矢量蒙版，如下左图所示。用户也可以在图层上绘制路径后，选中当前图层，执行"图层>矢量蒙版>当前路径"命令，即基于当前路径为图层创建一个矢量蒙版，效果如下右图所示。

提示：为矢量蒙版添加图层样式

矢量蒙版可以像普通图层一样添加图层样式，不过图层样式只对矢量蒙版中的内容起作用，对隐藏的部分不会有影响。

实战练习 制作室内与自然结合的图像效果

学习完本节内容，相信用户对Photoshop的蒙版操作有了一定的了解。下面以制作室内与自然结合的图像效果来巩固所学的内容，具体操作如下：

步骤01 打开Photoshop 2024，执行"文件>打开"命令，在弹出的"打开"对话框中选择"室内"素材，单击"打开"按钮，如右图所示。

步骤 02 执行"文件>打开"命令，在弹出的"打开"对话框中选择"自然"素材，单击"打开"按钮，然后并把它拖动到刚刚打开的"室内"文件中，适当调整其大小和位置，如右图所示。

步骤 03 在"图层"面板中，将"自然"图层移动到"室内"图层的下方，如下左图所示。

步骤 04 在工具栏中，选择对象选择工具和快速选择工具，在画面中绘制出选区，如下右图所示。

步骤 05 在"图层"面板中，选择"室内"图层，单击"图层蒙版"按钮，可以看到选区以外的部分被"自然"素材替换了，如下左图所示。

步骤 06 接着，在"图层"面板中单击"室内"图层，在工具栏中选择快速选择工具，扩展出木地板的区域，如下右图所示。

步骤 07 在工具栏中选择画笔工具，在"拾色器（前景色）"对话框中，为画笔选择一个较灰的颜色，单击"确定"按钮，如下左图所示。

步骤 08 在"图层"面板中，单击"室内"图层的蒙版缩览图，如下右图所示。

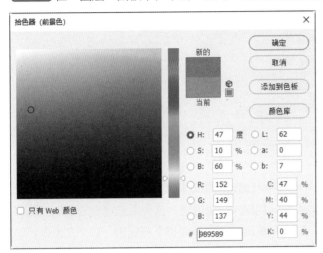 

步骤 09 使用画笔工具在刚刚扩展的选区内进行涂抹，利用蒙版功能制作出木地板的反光投影效果。完成上述操作后，前后对比效果如下两图所示。

6.3 认识通道

通道是用于储存图像颜色和选区等信息的灰度图像，可以保存不同的颜色信息。Photoshop提供了三种类型的通道，分别为颜色通道、Alpha通道和专色通道。在室内设计后期处理中，更多是选用通道来填空玻璃这类物体。下面将对通道的应用进行详细介绍。

6.3.1 颜色通道

颜色通道是用于描述图像色彩信息的彩色通道。图像的颜色模式决定了通道的数量，"通道"面板上存储的信息也与不同的颜色模式相关。每个单独的颜色通道都是一幅灰度图像，仅代表这个颜色的明暗变化。在菜单栏中执行"窗口>通道"命令，即可显示"通道"面板。在RGB模式下，会显示RGB、红、绿和蓝4个颜色通道，如下页左图所示。在CMYK模式下，会显示CMYK、青色、洋红、黄色和黑色5个颜色通道，如下页中图所示。在Lab模式下，会显示Lab、明度、a和b 4个颜色通道，如下页右图所示。

6.3.2　Alpha通道

Alpha通道主要用于将选区存储为"通道"面板中可编辑的灰度蒙版。用户可以通过"通道"面板来创建和存储蒙版，用于处理或保护图像的某些部分。创建Alpha通道，首先要选择相应的选区工具，在图像中创建需要保存的选区，然后在"通道"面板中单击"创建新通道"按钮 ⊞，如下左图所示。新建Alpha 1通道后，在图像窗口中填充选区为白色，然后取消选区，即在Alpha 1通道中保存了选区，如下右图所示。保存选区后，可随时重新载入该选区，或将该选区载入其他图像中。

 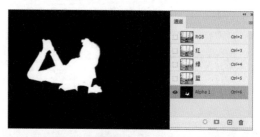

提示：用Alpha通道在后期效果图中制作外景

在后期效果图处理中，经常会运用Alpha通道的创建、选择、保存区域等功能，进行外景的制作。此时，需要注意外景与室内的曝光效果有所不同。在日景中，外景的曝光程度会远远大于室内，呈现曝白状态。而在夜景中，外景的曝光程度会小于室内，呈现出曝光不足的状态。如此，利用Alpha通道制作出来的效果图，才会更接近真实效果。

6.3.3　专色通道

专色通道是一类较为特殊的通道，可以使用除青色、洋红、黄色和黑色以外的颜色来绘制图像。专色通道主要用于专色油墨印刷的附加印版，可以保存专色信息，同时也具有Alpha通道的特点。单击"通道"面板右上角的菜单按钮 ▤，在弹出的列表中选择"新建专色通道"命令，在打开的"新建专色通道"对话框中，可以创建专色通道，如下左图所示。创建专色通道后的面板，如下右图所示。

提示：临时通道

临时通道是在"通道"面板中暂时存在的通道。当为图像创建图层蒙版或快速蒙版时，软件会自动在"通道"面板中生成临时通道。删除图层蒙版或退出快速蒙版时，"通道"面板中的临时通道会自动消失。

实战练习 利用Alpha通道更换外景

在用Photoshop对图片中的某一部分进行编辑、图像合成等操作时，经常需要用到通道功能，下面以利用Alpha通道更换外景为例，介绍Alpha通道的创建及使用方法。具体操作如下：

步骤 01 执行"文件>打开"命令，在弹出的"打开"对话框中，选择"卧室"图像文件，单击"打开"按钮，如下左图所示。

步骤 02 在工具栏中选择钢笔工具，创建图像中右边窗户的路径，然后单击鼠标右键，选择"建立选区"命令。在弹出的对话框中，单击"确定"按钮，效果如下右图所示。

步骤 03 在"通道"面板中，单击"创建新通道"按钮，将前景色调整为黑色，按下Alt+Delete组合键填充黑色，再按下快捷键Ctrl+D取消选区，效果如下左图所示。

步骤 04 单击"通道"面板中的"RGB"通道，再次选择钢笔工具，创建左边窗户的路径。单击鼠标右键，选择"建立选区"命令，效果如下右图所示。

步骤 05 在"通道"面板中，单击"Alpha 1"通道，如下左图所示。

步骤 06 再次按下Alt+Delete组合键填充黑色，按下Ctrl+D组合键取消选区，效果如下右图所示。

步骤 07 载入选区。执行"选择>载入选区"命令，弹出"载入选区"对话框，选择"Alpha 1"通道，单击"确定"按钮，如下左图所示。或者按住Ctrl键，单击"Alpha 1"通道，如下右图所示。

步骤 08 单击"通道"面板中的"RGB"通道，可以看到载入选区后的效果，如下左图所示。

步骤 09 解锁"卧室"图层，按下Delete键删除选区中的图像，如下右图所示。

步骤 10 执行"文件>打开"命令，在弹出的"打开"对话框中，选择"风景"素材，单击"打开"按钮，如右图所示。

步骤 11 将"风景"素材拖到"卧室"文档中，调整它的位置和大小，如右图所示。

步骤12 按下Ctrl+T组合键，执行自由变换。按住Ctrl键，分别将光标移动到图像的四个角，拖动控制点，根据窗户区域的透视形状进行变形调整，如下左图所示。

步骤13 按住Ctrl键，单击"Alpha 1"通道，载入选区，如下右图所示。

步骤14 按下Ctrl+Shift+I组合键，反选选区，如下左图所示。

步骤15 单击"风景"图层，按下Delete键删除反选区域，再按下Ctrl+D组合键取消选区，此时外景便移到窗外了，如下右图所示。

步骤16 执行"图像>调整>色阶"命令，在弹出的"色阶"对话框中设置相关参数，单击"确定"按钮。操作完成后，外景的亮度就提高了，如下左图所示。

步骤17 执行"图像>调整>色相/饱和度"命令，在弹出的"色相/饱和度"对话框中设置相关参数，单击"确定"按钮。为了使图像效果更加真实，可以将饱和度降低一些，明度提升一些，如下右图所示。

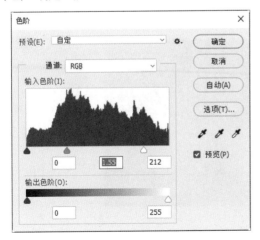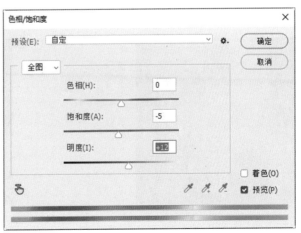

步骤18 完成上述操作后，图像的前后对比效果，如下两图所示。

6.4 编辑通道

"通道"面板主要用于创建新通道、复制通道、隐藏和显示通道等。利用"通道"面板，用户可以对通道进行有效的编辑和管理。下面将对相关操作进行详细介绍。

6.4.1 通道的隐藏与显示

在默认情况下，"通道"面板中的眼睛图标呈显示状态，如下左图所示。单击某个单色通道的眼睛图标，这里单击"蓝"通道，则会隐藏图像中的蓝色像素，只显示红色和绿色像素，如下右图所示。

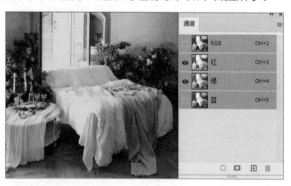

在"通道"面板中，若隐藏红色通道，图像会显示绿色和蓝色的像素，如下左图所示。若隐藏绿色通道，图像会显示红色和蓝色的像素，如下右图所示。需要注意的是，复合通道不能被单独隐藏。

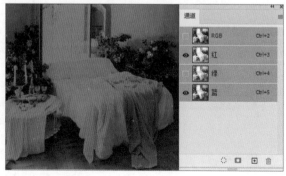

6.4.2 通道的复制与删除

在"通道"面板中，选择需要复制的通道，并右击鼠标，在弹出的快捷菜单中选择"复制通道"命令。然后在弹出的"复制通道"对话框中，对复制通道的名称、效果进行设置，如下左图所示。在默认情况下，复制得到的通道以原通道名称加"拷贝"二字进行命名。在"通道"面板中，选择需要删除的通道，并右击鼠标，在弹出的快捷菜单中选择"删除通道"命令，即可删除当前通道，如下右图所示。

6.4.3 通道的重命名

重命名通道与重命名图层的方法相同，只需要在通道名称上双击鼠标，通道名称会变成可编辑状态，如下左图所示。重新输入新的名称后，按Enter键确认即可，如下右图所示。默认的颜色通道名称是不能进行重命名的，用户可以在复制得到的通道或创建的Alpha通道中进行重命名操作。

6.4.4 通道与选区的转换

在Photoshop中，用户可以将通道作为选区载入图像，以便对图像中相同颜色的取样进行调整。其操作方法是在"通道"面板中选择通道后，单击"将通道作为选区载入"按钮，即可将当前的通道快速转化为选区，效果如下页左图所示。用户也可以在按住Ctrl键的同时，直接单击该通道的缩览图，将当前通道快速转化为选区，如下页右图所示。

 知识延伸：快速蒙版

　　快速蒙版模式是使用各种绘图工具来创建临时蒙版的一种高效率方法，主要用于在图像中创建指定区域的选区。快速蒙版是直接在图像中表现蒙版并将其载入选区的。在"快速蒙版"模式下，任何选区都可以作为蒙版进行编辑。在工具栏中，单击"以快速蒙版模式编辑"按钮 圆，如下左图所示。这时，在"通道"面板中自动创建了一个"快速蒙版"通道，选区便可以和蒙版一样进行操作了，如下右图所示。

提示：快速蒙版的参数设置

　　默认情况下，快速蒙版受保护的区域为红色，不透明度为50%，但这些设置是可以更改的。双击"以快速蒙版模式编辑"按钮 圆，会弹出"快速蒙版选项"对话框，如右图所示。在此对话框中，可以设置蒙版的颜色、不透明度、被蒙版区域以及所选区域等参数。

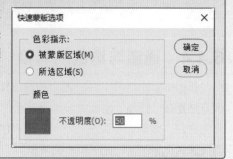

上机实训：使用通道更换沙发材质

学习完本章内容，相信用户对Photoshop的通道操作有了一定的了解。下面以用通道更换
沙发材质为例，巩固本章所学的内容。具体操作如下：

扫码看视频

步骤01 打开"沙发"素材图片，执行菜单栏中的"窗口>通道"命令，打开"通道"面
板，如下左图所示。

步骤02 分别单独显示红、绿、蓝通道，观察其显示效果，选择对比比较明显的一个通道。这里选择
"蓝"通道，将该通道拖动到"创建新通道"按钮⊞上，复制"蓝"通道，如下右图所示。

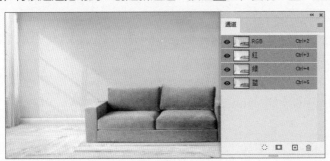

步骤03 在菜单栏中，执行"图像>调整>色阶"命令，在打开的"色阶"对话框中调整相关参数，以
增强通道的对比效果，单击"确定"按钮，如下左图所示。

步骤04 选择快速选择工具，绘制出需要填充的选区，如下右图所示。

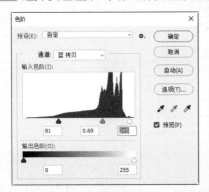

步骤05 单击"通道"面板中的"RGB"通道，执行"图像>调整>色相/饱和度"命令，在弹出的"色
相/饱和度"对话框中，设置沙发的色相、饱和度和明度参数，单击"确定"按钮，如下左图所示。

步骤06 按下Ctrl+D组合键取消选区，完成后的效果如下右图所示。

课后练习

一、选择题（部分多选）

（1）为图层创建图层蒙版后，在蒙版中涂抹黑色表示（　　　）。

　　A. 隐藏图像　　　　　　　　　　　　B. 删除图像

　　C. 显示图像　　　　　　　　　　　　D. 设置不透明度

（2）按住（　　　）键，单击图层蒙版缩览图，可以停用图层蒙版。

　　A. Alt　　　　　　　　　　　　　　　B. Ctrl

　　C. Shift　　　　　　　　　　　　　　D. Delete

（3）下列不属于Photoshop提供的通道的是（　　　）。

　　A. 颜色通道　　　　　　　　　　　　B. 专色通道

　　C. 路径通道　　　　　　　　　　　　D. Alpha通道

（4）在Photoshop中，如果想保留图像中的Alpha通道，应该将图像存储为（　　　）格式。

　　A. PSD　　　　　　　　　　　　　　B. JPEG

　　C. PNG　　　　　　　　　　　　　　D. TIFF

二、填空题

（1）蒙版是一种非破坏性的编辑工具。Photoshop提供了三种蒙版，分别为＿＿＿＿＿、＿＿＿＿＿和＿＿＿＿＿。

（2）按住＿＿＿＿＿键，将光标放在"图层"面板中两组图层之间的分隔线上，然后单击鼠标左键来完成剪贴蒙版的创建。

（3）Photoshop提供了三种类型的通道，分别为＿＿＿＿＿、＿＿＿＿＿和＿＿＿＿＿。

三、上机题

　　首先，打开素材文件，如下左图所示。应用本章所学内容进行外景的替换操作，制作完成的效果如下右图所示。

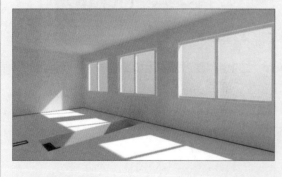 

操作提示

① 执行"文件>打开"命令，打开所需要的文件。

② 创建窗户选区后，再创建Alpha通道，以便保存并反复使用所创建的选区。

③ 使用图像色彩调整功能，可以将外景处理得更加真实。

Ps 第7章 图像的修复与修饰

本章概述

利用Photoshop中的图像修复和修饰功能，能够让用户更加便捷地处理图像，使图像效果更加完美。本章将对图像的修复和修饰功能进行详细介绍。

核心知识点

❶ 掌握图像复制和修复工具的应用

❷ 了解其他修复工具的应用

❸ 掌握图像增强和修饰工具的应用

7.1 复制和修复工具

Photoshop提供了多种图像修复工具，用户可以根据具体需求选择合适的工具，对图像进行复制和修复。本节将对图像复制和修复工具的应用进行介绍。

7.1.1 仿制图章工具

仿制图章工具可以从图像中取样，并能够将取样的部分复制到同一图像的其他区域，或具有相同颜色模式的其他图像中。在复制的同时，能够保留图像原有的细节。在工具栏中，选择仿制图章工具，如下左图所示。然后在图像中右击鼠标，在弹出的面板中设置仿制图章的画笔的大小，如下右图所示。将光标移动到需要仿制的图像上，按住Alt键，并单击鼠标进行取样。

取样完成后，将光标移动到目标位置，可以预览取样图像，如下左图所示。单击并拖拽鼠标，即可仿制出取样的图像，如下右图所示。

7.1.2 图案图章工具

图案图章工具可以绘制出图案纹理的样式效果，读者可以选用Photoshop中的预设图案，也可以导入、自定义图案。通过调整画笔的大小和硬度，能够绘制出不同的视觉效果。在工具栏中，选择图案图章工具，如下左图所示。在"图案"拾色器的下拉面板中，选择相应的预设图案进行绘制即可，如下右图所示。

 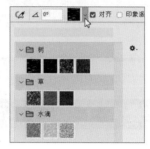

7.1.3 移除工具

移除工具是Photoshop新增的功能，对于大面积移除图像中的某些区域十分智能。只需涂抹图像中不需要的对象或区域，Photoshop会自动识别并填充背景，巧妙融合图像的同时，使图像依然具有完整性。在工具栏中，选择移除工具，如下左图所示。在需要移除的区域绘制一个圆圈，笔触要覆盖整个区域，如下中图所示。释放鼠标后，可以看到其中一个杯子从画面中消失了，如下右图所示。

7.1.4 颜色替换工具

颜色替换工具能使前景色替换图像中的颜色，与"图像>调整>替换颜色"命令的作用相似，不同的是操作方法有所区别。在工具栏中，选择颜色替换工具，如下左图所示。选好前景色，如下右图所示。在图像中需要更改的地方涂抹即可。在涂抹时，起点的像素作为基准色，将被自动替换成前景色。不同的绘图模式会产生不同的替换效果，常用的是"颜色"模式。

完成上述操作后，图像的前后对比效果，如下两图所示。

7.1.5 内容感知移动工具

内容感知移动工具可以快速且自然地将图像移动或复制到另外一个位置。该工具适合在干净的背景上使用，越相近的背景，融合得越自然。在工具栏中，选择内容感知移动工具，如下左图所示。在图像中框选出需要移动的部分，在属性栏中设置"模式"为"移动"或"扩展"，如下右图所示。

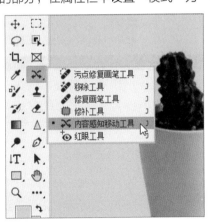 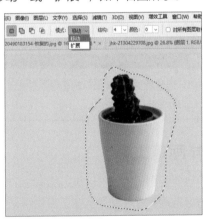

若设置"模式"为"移动"，按住鼠标左键，将所选图像拖拽到目标位置后，释放鼠标。此时，软件将自动智能填充图像原来的位置，完成图像的移动操作，如下左图所示。若设置"模式"为"扩展"，按住鼠标左键，将所选图像拖拽到目标位置后，释放鼠标。这样，在保留原图像的基础上，将图像复制到了另一个位置，如下右图所示。

7.2 其他工具

本节将要介绍的四种工具常用于人像的后期处理，在效果图的后期制作中较少用到。这里将它们归为一类，进行简要介绍。

7.2.1 修复画笔工具

修复画笔工具和仿制图章工具在作用和用法上有许多相似的地方，但是仿制图章工具是对图像进行单纯的复制，而修复画笔工具不仅可以复制图像，还有巧妙融合图像的效果。

修复画笔工具主要应用于有小面积划痕、褶皱或污点的照片。该工具能够根据修改点周围的像素及色彩，将其完美地复原，而不留任何痕迹。在工具栏中，选择修复画笔工具，如下左图所示。按住Alt键的同时，选择修改点周围干净的区域进行取样，如下中图所示。然后在修改点处进行涂抹，如下右图所示。

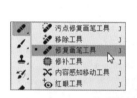 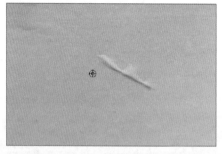 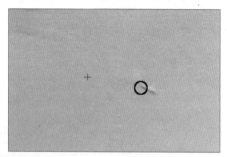

> **提示：修复图像**
>
> 在修复图像时，通常需要放大要处理的图像。在处理过程中，应多取样、多涂抹，让修改点与周围的图像区域相融合，从而让修复后的图像效果更自然。

7.2.2 修补画笔工具

修补工具可以使用图像中其他区域或图案中的像素，来修复所选中的区域。使用修补工具时，必须先创建选区，在选区范围内修补图像。在工具栏中，选择修补工具，如下左图所示。沿着需要修补的区域绘制出外轮廓，这里选取小船所在的区域，如下中图所示。然后将所选的区域拖至与之相似的区域，释放鼠标后，可以看到小船从画面中消失了，如下右图所示。

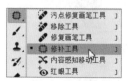  

修补工具和修复画笔工具的不同之处在于修复画笔工具是通过画笔进行图像修复的，而修补工具是通过选区进行图像修复的。

7.2.3 污点修复画笔工具

污点修复画笔工具可以去除图像中的污点。使用污点修复画笔工具，不需要通过取样定义样本，只需要在污点所在的位置单击并拖动鼠标，释放鼠标后，即可修复图像中的污点，这是它与修复画笔工具最根本的区别。在工具栏中，选择污点修复画笔工具，如下左图所示。调整画笔笔触的大小，在需要修复的地方涂抹即可，如下右图所示。

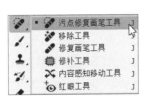
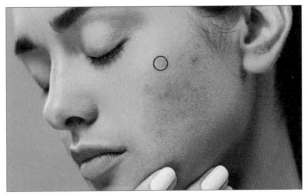

污点修复画笔工具相当于仿制图章工具和普通修复画笔工具的综合运用。使用污点修复画笔工具，不需要定义采样点，因为该工具可以自动匹配样本对象。在想要消除的地方进行涂抹，即可很方便地去除场景中不需要的物体。

7.2.4 红眼工具

红眼工具可以去除使用闪光灯拍摄的照片中的红眼效果，还可以去除动物照片中的白色或绿色反光。在工具栏中，选择红眼工具，如下左图所示。然后，在图像中的红眼处单击鼠标进行修复，效果如下右图所示。

红眼工具是专门针对数码相机拍摄的照片中的眼睛发红问题而开发的工具。红眼工具使用起来很方便，只需要放大眼睛部分，在红色区域进行框选即可。

实战练习 使用移除工具移除图像内容

学习本节内容后，相信用户对修复与修饰工具的应用已经有了一定的了解。下面以使用移除工具移除图像中不需要的内容为例，来巩固所学习的内容。

步骤01 执行"文件>打开"命令，在弹出的"打开"对话框中，选择"建筑"图像文件，单击"打开"按钮，如下页左图所示。

步骤 02 在工具栏中，选择移除工具，如下右图所示。

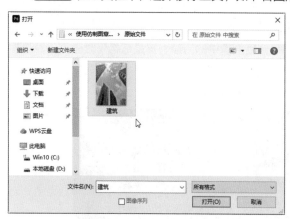 

步骤 03 按住鼠标左键，在需要移除的区域绘制一个圆圈，笔触要覆盖整个区域，如下左图所示。

步骤 04 释放鼠标左键，可以发现影响视觉效果的树枝已经被去除了，如下右图所示。

7.3 图像的增强和修饰工具

使用Photoshop可以对图像进行修饰或变换，更精细地调整画面的细节。本节将介绍几个实用的图像修饰方法，以下是详细介绍。

7.3.1 天空替换

天空替换功能可以轻松更换图像的天空部分，减少照片编辑工作流程中的步骤，能够为图像添加戏剧性的效果。执行"编辑>天空替换"命令，如下页左图所示。在打开的"天空替换"对话框中，可以选择天空的类型，包括蓝天、盛景和日落等，如下页中图所示。同时，可以设置相应的参数，如下页右图所示。

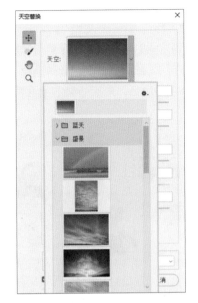

完成上述操作后，替换天空前后的对比效果，如下两图所示。

7.3.2 拉直工具

拉直工具主要用于校正图像的水平线或垂直线，确保它们处于正确的位置。例如，当图像因为拍摄时的晃动或其他原因，导致地平线、水平面或天际线倾斜时，可以使用拉直工具进行调整。在工具栏中，选择裁剪工具，在裁剪工具的属性栏中单击"拉直"按钮，沿图像中倾斜的画面绘制一条直线，即可将画面调整至水平角度，如下左图所示。调整后的图像效果，如下右图所示。

7.3.3 模糊工具和锐化工具

模糊工具可以降低图像中相邻像素之间的对比度，使像素与像素之间的边界区域变得柔和，从而产生一种模糊效果，起到凸显图像主体的作用。在工具栏中，选择模糊工具，如下左图所示。打开一张图片，如下中图所示。设置画笔笔触的大小和硬度后，对点心架的上面两层进行涂抹，以突出最下层的主体部分，效果如下右图所示。

锐化工具可以增加图像中像素边缘的对比度和相邻像素之间的反差，从而提高图像的清晰度或聚焦程度，使图像呈现出清晰的效果。在工具栏中，选择锐化工具，如下左图所示。打开一张图片，如下中图所示。设置画笔笔触的大小和硬度后，对需要调整的图像区域进行涂抹，效果如下右图所示。

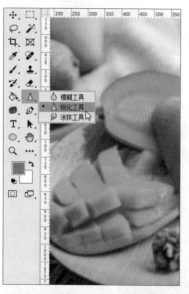  

> **提示：使用要点**
>
> 使用模糊工具和锐化工具时，需要反复在图像上进行涂抹，才能有较为明显的效果。用户可以通过调整属性中的"强度"和画笔的"硬度"，来调整图像所呈现出的效果。需要注意的是，锐化工具不能过度使用，否则会使图像产生彩色马赛克的视觉效果。

实战练习 修饰照片细节

这里将通过具体的实例，对本节所学内容进行巩固，以下是修饰照片细节的详细讲解。

步骤 01 启动Photoshop 2024，执行"文件>打开"命令。在弹出的"打开"对话框中，打开"室内"素材，如下左图所示。

步骤 02 在工具栏中选择裁剪工具，在裁剪工具的属性栏中，单击"拉直"按钮，然后在倾斜的图像区域绘制一条直线，将其调整至水平角度，如下右图所示。

步骤 03 可以看到调整后的图像主体物已经是水平状态了，如下左图所示。

步骤 04 选择加深工具，在图像中右击鼠标，然后在弹出的面板中设置画笔笔触的大小和硬度，如下右图所示。

步骤 05 在主体装饰物的阴影区域进行涂抹，以加深装饰物的阴影，使其更具有立体感，如下页左图所示。

步骤 06 在工具栏中选择减淡工具，在图像中右击鼠标，然后在弹出的面板中设置画笔笔触的大小和硬度，如下页右图所示。

步骤 07 对主体装饰物的高光部分进行涂抹提亮，使整体图像更具有氛围感，如下左图所示。

步骤 08 在工具栏中选择模糊工具，设置画笔笔触的大小和硬度后，对图像四周进行模糊处理，以突出它的中心，如下右图所示。

 ## 知识延伸：应用内容识别填充功能

内容识别填充是Photoshop中一项十分智能的功能，用于在图像中进行取样后，无缝填充图像中的选定部分。下面将对内容识别填充功能的两种常见用法进行介绍。

第一种是使用内容识别填充功能修补图像中的某个区域。打开一张图片，框选出需要填充的区域，如下页左图所示。执行"编辑>内容识别填充"命令，打开"内容识别填充"对话框中的默认设置，如下页中图所示。用户也可以手动调整取样的区域，在预览窗口中能查看调整后的图像效果。完成后单击"确定"按钮，效果如下页右图所示。

第二种是使用内容识别填充功能扩展图像。图像颜色不宜过于复杂，越是简单干净的图像背景，扩展后的效果会越自然。打开一张图片，框选出需要扩展的区域，如下左图所示。执行"编辑>内容识别填充"命令，保持默认设置，单击"确定"按钮，Photoshop会自动识别，并对图像进行无缝扩展，如下右图所示。

提示：如何使用内容识别填充功能达到更好的效果

首先要选用合适的工具，如框选工具、套索工具等，精确地选择出需要填充的图像区域，尽量将周围的一部分区域也框选在内。这样，Photoshop能够以更多的参考内容来生成更自然的填充效果。在进行内容识别填充时，要确保将不透明度设置为100%，以便使填充的内容完全覆盖原始区域，避免产生透明度差异。

虽然内容识别填充通常能达到不错的修补效果，但有时可能仍需要进行一些后期微调。使用仿制图章工具、修复画笔工具等，可以进一步修复填充内容与周围区域的细微差异，让画面整体更加自然。

上机实训：改变墙面颜色

学习完本章内容后，相信用户对Photoshop中图像的修复和修饰功能有了一定的了解。下面以使用颜色替换工具改变墙面颜色的操作，来巩固本章所学内容，具体操作如下：

扫码看视频

步骤 01 启动Photoshop 2024，执行"文件>打开"命令。在弹出的"打开"对话框中，选择"室内"图像文件，单击"打开"按钮，如下页左图所示。

步骤 02 打开后的图像效果，如下页右图所示。

步骤 03 在工具栏中，选择颜色替换工具，如下左图所示。

步骤 04 单击鼠标右键，在弹出的面板中设置画笔笔触的大小和硬度，如下右图所示。

步骤 05 在"拾色器（前景色）"对话框中选择一个颜色，单击"确定"按钮，如下左图所示。

步骤 06 按住鼠标左键，在棕色墙面上进行涂抹，如下右图所示。

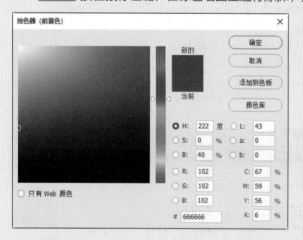

步骤 07 注意不要涂抹到别的区域。如果涂抹有误，可以执行"窗口>历史记录"命令，在打开的"历史记录"面板中回到上一步操作，如下页左图所示。用户也可以按下Ctrl+Z组合键，撤销当前操作。

步骤 08 涂抹完成后，可以看到墙面的颜色已经变了，如下页右图所示。

步骤09 执行"图像>调整>亮度/对比度"命令,在弹出的"亮度/对比度"对话框中设置相关参数,如下左图所示。

步骤10 设置完成后,可以看到画面整体的亮度和对比度提高了,如下右图所示。

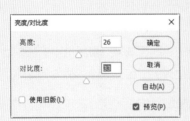

步骤11 执行"图像>调整>色彩平衡"命令,在弹出的"色彩平衡"对话框中设置相关参数,让画面中亮部偏暖、暗部偏冷,如下两图所示。

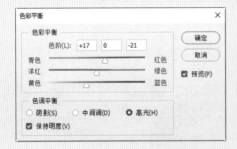
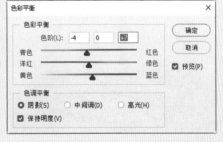

步骤12 完成上述操作后,改变墙面颜色的前后对比效果,如下两图所示。

课后练习

一、选择题（部分多选）

（1）使用颜色替换工具时，不同的绘图模式会产生不同的替换效果，一般常用模式是（　　）。

　　A. 色相　　　　　　　　　　　　　B. 饱和度

　　C. 明度　　　　　　　　　　　　　D. 颜色

（2）适合移除画面中大面积区域的修复工具是（　　）。

　　A. 修复画笔工具　　　　　　　　　B. 移除工具

　　C. 修补工具　　　　　　　　　　　D. 内容感知移动工具

（3）使用内容识别填充功能时，在"内容识别填充"面板中，取样区域选项包括（　　）。

　　A. 自动　　　　　　　　　　　　　B. 自定

　　C. 矩形　　　　　　　　　　　　　D. 星形

（4）位于（　　）属性栏中的拉直工具，可以修正因摄像头晃动而导致的图像的对齐不当。

　　A. 裁剪工具　　　　　　　　　　　B. 修复工具

　　C. 模糊工具　　　　　　　　　　　D. 减淡工具

二、填空题

（1）使用_____工具需要先创建选区，然后用图像中的其他区域来修复所选中的区域。

（2）内容感知移动工具可以快速且自然地将图像_____或_____到另外一个位置。

（3）在"天空替换"对话框中，可以选择的天空类型包括_____、_____和_____。

三、上机题

　　首先，打开素材文件，如下左图所示。根据本章所学内容，对图像中部分元素的颜色进行更改。制作完成后的效果，如下右图所示。

操作提示

① 执行"文件>打开"命令，打开素材文件。

② 在工具栏中，选择颜色替换工具。

③ 注意涂抹范围的准确性，灵活调整画笔笔触的大小。

Ps 第8章 滤镜的应用

本章概述

　　滤镜是Photoshop中最具吸引力的功能之一，能让普通的图像呈现出令人惊奇的视觉效果。本章将详细介绍各种滤镜的使用方法以及滤镜组的参数设置，模拟各种艺术效果。

核心知识点

❶ 认识滤镜
❷ 掌握滤镜的使用方法
❸ 掌握滤镜组的使用方法

8.1　认识滤镜

　　滤镜，也被称为增效工具，可以创建出多种多样的图像特效。Photoshop提供的多种滤镜功能，可以产生特殊的视觉效果。本节将对滤镜的基础知识以及如何使用滤镜功能进行介绍。

（1）什么是滤镜

　　Photoshop的滤镜功能十分强大。它是通过改变图像中像素的颜色或位置来实现特殊效果的。打开一张素材图像，如下左图所示。单击菜单栏中的"滤镜"标签，打开滤镜菜单。执行"风格化>油画"滤镜命令，即可弹出相应的对话框，可以对其参数进行设置。操作完成后的视觉效果，如下右图所示。

（2）滤镜的使用

　　在使用滤镜时，对图层有严格的要求，选中的图层必须是可见的。这是由于很多滤镜不能批量处理图像，只能处理当前选中的图层。同时，它对颜色模式也有一定的要求。因为滤镜的工作原理是修改图像中的像素参数，因此相同的图像但是不同的像素分辨率，即使使用同样的滤镜，处理后的效果也是不一样的。

8.2　滤镜库和特殊滤镜

　　在Photoshop中，滤镜的种类非常多。滤镜库是一个整合了多个滤镜组的对话框，它可以将多个滤镜同时应用于同一图像，也能对同一图像多次使用同一个滤镜。特殊滤镜作为比较独特的滤镜，通常功能也较复杂，所以是独立分组的。

8.2.1 滤镜库概述

滤镜库中提供多种特殊效果滤镜的预览。在"图层"面板中，选择需要添加滤镜的图层，然后在菜单栏中执行"滤镜>滤镜库"命令，即可打开"滤镜库"对话框，如下左图所示。"滤镜库"对话框中有风格化、画笔描边、扭曲等滤镜组选项，同时可以对滤镜的相关参数进行设置，如下右图所示。

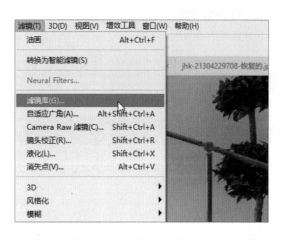

下面对滤镜库对话框中的常用滤镜的功能及参数设置进行详细介绍，具体如下。

（1）画笔描边滤镜组

画笔描边滤镜组中的滤镜可以模拟各种笔触的绘画效果，包括"成角的线条""墨水轮廓""喷溅""喷色描边""强化的边缘""深色线条""烟灰墨"和"阴影线"8个滤镜。其中有的滤镜可以通过油墨效果和画笔制作出绘画效果，有的滤镜可以为图像添加颗粒、纹理等效果。

这里以"成角的线条"滤镜为例，在菜单栏中执行"滤镜>滤镜库"命令，选择"画笔描边"滤镜库中的"成角的线条"滤镜，打开"成角的线条"对话框。在右侧的选项面板中，设置"方向平衡"值为50、"描边长度"值为15、"锐化程度"值为3，如右图所示。

完成上述操作后，单击"确定"按钮，前后对比效果如下两图所示。

（2）扭曲滤镜组

扭曲滤镜组中的滤镜可以对图像进行扭曲，实现变形效果，其中包括"玻璃""海洋波纹"和"扩散亮光"3个滤镜。

这里以"玻璃"滤镜为例，在菜单栏中执行"滤镜>滤镜库"命令，选择"扭曲"滤镜库中的"玻璃"滤镜，打开"玻璃"对话框。在右侧的选项面板中，设置"扭曲度"值为20、"平滑度"值为12，"纹理"选择"块状"，设置"缩放"值为188%，如下图所示。

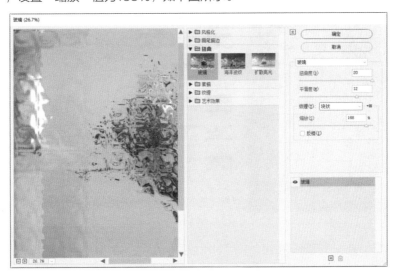

完成上述操作后，单击"确定"按钮，图像产生了玻璃的质感，前后对比效果如下两图所示。

（3）素描滤镜组

素描滤镜组中的滤镜可以通过模拟手绘、素描和速写等艺术手法来打造艺术效果，其中包括"半调图案""便条纸""粉笔和炭笔""铬黄渐变""绘图笔""基底凸现""石膏效果""水彩画纸"和"撕边"等14个滤镜。

这里以"铬黄渐变"滤镜为例，在菜单栏中执行"滤镜>滤镜库"命令，选择"素描"滤镜库中的"铬黄渐变"滤镜，打开"铬黄渐变"对话框。在右侧的选项面板中设置"细节"值为2、"平滑度"值为7，如下图所示。

完成上述操作后，单击"确定"按钮，前后对比效果如下两图所示。

（4）纹理滤镜组

纹理滤镜组中的滤镜可以为图像添加纹理质感，一般用于模拟一些具有深度感或物质感的外观，也可以添加一种器质外观。该滤镜组中有"龟裂缝""颗粒""马赛克拼贴""拼缀图""染色玻璃"和"纹理化"6个滤镜。

这里以"染色玻璃"滤镜为例，在菜单栏中执行"滤镜>滤镜库"命令，选择"纹理"滤镜库中的

"染色玻璃"滤镜,打开"染色玻璃"对话框。在右侧的选项面板中,设置"单元格大小"值为33、"边框粗细"值为4、"光照强度"值为3,如右图所示。

完成上述操作后,单击"确定"按钮,前后对比效果如下两图所示。

(5)艺术效果滤镜组

艺术效果滤镜组中的滤镜可以为美术或商业项目打造绘画效果或艺术效果,其中包括"壁画""彩色铅笔""底纹效果""干画笔""海报边缘""海绵""绘画涂抹"和"水彩"等15个滤镜。

这里以"海报边缘"滤镜为例,在菜单栏中执行"滤镜>滤镜库"命令,选择"艺术效果"滤镜库中的"海报边缘"滤镜,打开"海报边缘"对话框。在右侧的选项面板中,设置"边缘厚度"值为6、"边缘强度"值为7、"海报化"值为2,如右图所示。

完成上述操作后，可以看到图像产生了海报的艺术效果，前后对比效果如下两图所示。

提示：快速应用滤镜

对图像应用滤镜后，如果发现效果不明显，可按下快捷键Ctrl+F，叠加使用该滤镜。

8.2.2　自适应广角滤镜

自适应广角滤镜可以校正由于使用广角镜头而造成的图像扭曲，一般用于处理在鱼眼镜头和广角镜头拍摄的照片中看起来弯曲的线条。在菜单栏中执行"滤镜>自适应广角"命令，打开"自适应广角"对话框，设置"缩放"值为109、"焦距"值为19.78、"裁剪因子"值为1.50，如下图所示。

提示：使用约束工具添加多个约束

使用约束工具，在画面中有畸变的位置，沿着原本应水平或垂直的物体边缘绘制直线，Photoshop会自动修复因广角而产生的畸变。使用多边形约束工具，可以在画面中有畸变的位置，沿着原本应水平或垂直的物体边缘绘制多边形，该工具适合纠正建筑物的广角畸变。使用约束工具，可以添加多个约束，以包括和指示图像中不同区域的直线，以提高效率。

8.2.3 Camera Raw滤镜

Camera Raw滤镜是一个图像处理插件，主要用于处理Raw图像文件。Raw图像文件是未经过压缩处理的原始图像。在菜单栏中执行"滤镜>Camera Raw滤镜"命令，如下左图所示。在打开的Camera Raw对话框中，可以设置相应的参数，如下右图所示。

该对话框提供了对图像的颜色和曝光进行调整的功能，使用户能够更好地控制最终输出的效果。通过Camera Raw滤镜，用户可以调整白平衡、曝光度、对比度、饱和度等参数，以达到所需的图像效果。

实战练习 使用Camera Raw滤镜调整图像的色调

了解Camera Raw滤镜工具的应用后，下面以调整图像色调的案例，来巩固所学的内容。具体介绍如下：

步骤01 启动Photoshop 2024，执行"文件>打开"命令，在弹出的"打开"对话框中，选择"室内"图像文件，单击"打开"按钮，如下左图所示。

步骤02 打开后，可以看到图像的整体色调偏冷，亮度较低，如下右图所示。

步骤03 执行"滤镜>Camera Raw滤镜"命令，打开"Camera Raw"对话框，单击"基本"选项按钮，设置相关参数，如下页图中所示。

步骤 04 单击"曲线"选项按钮，设置"高光"值为+14、"亮调"值为-1、"暗调"值为-19、"阴影"值为-39，在图像预览窗口可以实时预览图像效果，如下图所示。

步骤 05 单击"细节"选项按钮，设置"锐化"值为46、"减少杂色"值为22，如下图所示。

步骤 06 完成上述操作后，可以看到图像变得温暖明亮了，前后对比效果如下两图所示。

8.2.4 镜头校正滤镜

在Photoshop中，"镜头校正"是一个独立的滤镜。该滤镜可用于修复常见的镜头瑕疵，如桶形和枕形失真、晕影等。在菜单栏中执行"滤镜>镜头校正"命令，如下左图所示。在打开的"镜头校正"对话框中，切换到"自定"选项面板，设置"数量"值为+40、"中点"值为50，如下右图所示。

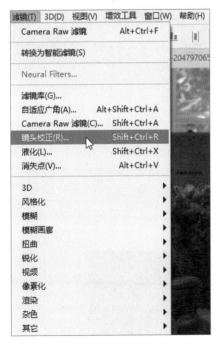

8.2.5 液化滤镜

液化滤镜能够非常灵活地实现推拉、扭曲、旋转、收缩等变形效果，可以用来处理图像的任意区域。"液化"滤镜常用来处理人像图片，这里简要讲解。在菜单栏中执行"滤镜>液化"命令，如下页左图所示。然后在弹出的"液化"对话框中进行相应的设置，如下页右图所示。

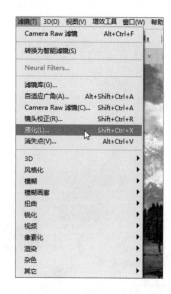
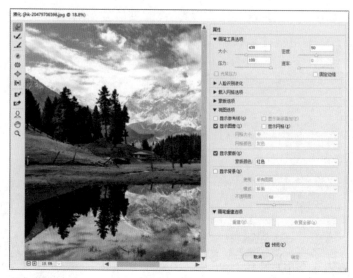

对图像使用"液化"滤镜进行推拉变形的对比效果，如下两图所示。

8.2.6 消失点滤镜

消失点是一个特殊的滤镜，它可以在包含透视平面的图像中进行透视校正的编辑。使用"消失点"滤镜，可以在图像中自动应用透视原理。执行"滤镜>消失点"命令，如下左图所示。在弹出的"消失点"对话框中，单击图像中的透视平面或图象的四个角，即可创建编辑平面，如下右图所示。

8.3 滤镜组

　　将功能类似的滤镜归类编组，称为滤镜组。Photoshop中有许多滤镜组，其中包括"风格化""模糊""模糊画廊""像素化"和"渲染"等，如下左图所示。每个滤镜组下包含多个滤镜，每个滤镜的效果各不相同，如下右图所示。下面将详细介绍几种常用滤镜组的功能。

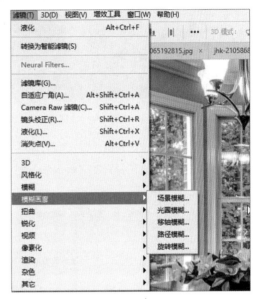

8.3.1　"风格化"滤镜组

　　"风格化"滤镜组中的滤镜主要通过置换像素，以及查找和提高图像中的对比度，产生一种绘画或印象派艺术效果。该滤镜组包括"查找边缘""等高线""风""浮雕效果""扩散""拼贴""曝光过度""凸出"和"油画"9种滤镜。下面将分别进行介绍。

（1）查找边缘滤镜

　　"查找边缘"滤镜能自动搜索画面中对比强烈的边界，将高反差区变亮、低反差区变暗，同时将硬边变为线条，将柔边变粗，形成一个清晰的轮廓。执行"滤镜>风格化>查找边缘"命令，如下图所示。

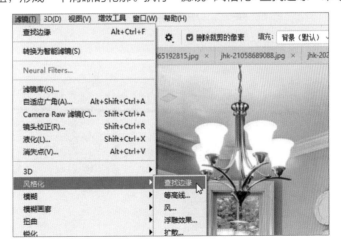

　　使用查找边缘滤镜后，图像的前后对比效果，如下页两图所示。

（2）等高线滤镜

"等高线"滤镜可以自动查找颜色通道，同时在主要亮度区域勾画出线条。执行"滤镜>风格化>等高线"命令，如下左图所示。在打开的"等高线"对话框中，设置"色阶"值为134，"边缘"选择"较高"，单击"确定"按钮，如下右图所示。

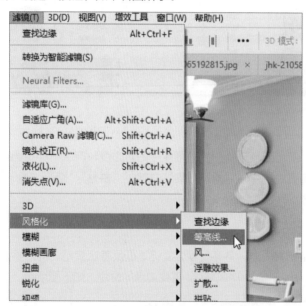 

完成上述操作后，前后对比效果如下两图所示。

（3）风滤镜

"风"滤镜可以使图像的边缘进行水平位移，从而模拟风的动感效果，是制作纹理或为文字添加阴影效果时常用的滤镜工具。使用该滤镜时，可以设置风的效果样式以及风吹动的方向。执行"滤镜>风格化>风"命令，如下左图所示。在打开的"风"对话框中，对其参数进行设置，单击"确定"按钮，如下右图所示。

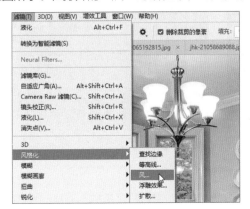 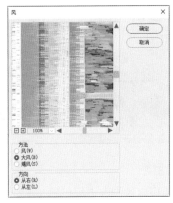

完成上述操作后，前后对比效果如下两图所示。

（4）浮雕效果滤镜

"浮雕效果"滤镜会自动勾画出图像轮廓，通过降低图像的色值来生成有凹凸感的浮雕效果。执行"滤镜>风格化>浮雕效果"命令，如下左图所示。在打开的"浮雕效果"对话框中，设置"角度"值为135、"高度"值为18、"数量"值为157，单击"确定"按钮，如下右图所示。

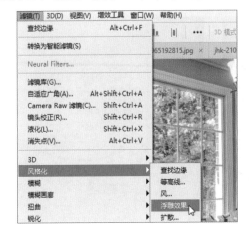 

完成上述操作后，可以看到图像呈现出浮雕似的立体效果，前后对比效果如下两图所示。

（5）扩散滤镜

"扩散"滤镜可以使图像进行扩散，形成一种分离和模糊的效果。"扩散"滤镜的模式若为"正常"，像素将随机移动；若为"变暗优先"，较暗的像素会替换亮的像素；若为"变亮优先"，较亮的像素会替换暗的像素；若为"各向异性"，则会在颜色变化最小的方向上打乱像素的次序。

这里以"变亮优先"模式为例。执行"滤镜>风格化>扩散"命令，如下左图所示。在打开的"扩散"对话框中，选择"变亮优先"模式，单击"确定"按钮，如下右图所示。

完成上述操作后，图像的前后对比效果，如下两图所示。

（6）拼贴滤镜

"拼贴"滤镜会根据所设定的拼贴数值，将图像分成块状，从而生成不规则的瓷砖效果。在菜单栏中执行"滤镜>风格化>拼贴"命令，如下左图所示。在打开的"拼贴"对话框中，设置"拼贴数"值为10，单击"确定"按钮，如下右图所示。

完成上述操作后，可以看到图像产生了不规则的瓷砖拼贴效果，前后对比效果如下两图所示。

（7）曝光过度滤镜

"曝光过度"滤镜可以产生类似照片短暂曝光的负片效果。执行"滤镜>风格化>曝光过度"命令，如右图所示。

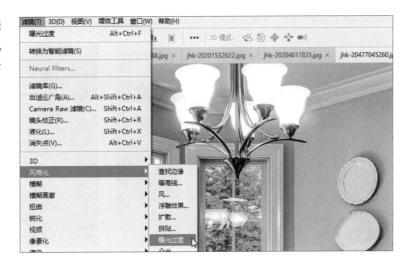

完成上述操作后，图像的前后对比效果，如下两图所示。

（8）凸出滤镜

"凸出"滤镜会根据设置的不同选项，为选区或整个图层上的图像制作一系列块状或金字塔状的三维纹理，从而产生特殊的三维效果。执行"滤镜>风格化>凸出"命令，如下左图所示。打开"凸出"对话框，设置凸出"类型"为"金字塔"、"大小"值为100、"深度"值为30，单击"确定"按钮，如下右图所示。

完成上述操作后，图像产生了金字塔纹理的三维效果，前后对比效果如下两图所示。

 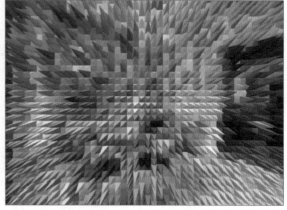

（9）油画滤镜

Photoshop内置的艺术风格滤镜很多，"油画"风格的滤镜是Photoshop CC 2017中增加的滤镜。使用油画滤镜，可以将图像转换为具有经典油画视觉效果的图像。执行"滤镜>风格化>油画"命令，如下左图所示。在打开的"油画"对话框中，对其参数进行调整，单击"确定"按钮，如下右图所示。

完成上述操作后，图像如下两图所示。

8.3.2 "模糊"滤镜组

"模糊"滤镜组中的滤镜可以对图像中相邻像素之间的对比度进行柔化、减弱，使图像产生柔和、模糊的效果。该滤镜组包括"表面模糊""动感模糊""方框模糊""高斯模糊""进一步模糊""径向模糊""镜头模糊""模糊""平均""特殊模糊"和"形状模糊"等滤镜。在室内设计效果图修饰中，常用到"高斯模糊""径向模糊"和"镜头模糊"滤镜。下面主要介绍这三种常用的模糊滤镜。

（1）高斯模糊滤镜

"高斯模糊"滤镜可以根据数值快速地模糊图像，使图像产生一种朦胧效果。执行"滤镜>模糊>高斯模糊"命令，如下页左图所示。在打开的"高斯模糊"对话框中，对其参数进行调整，单击"确定"按钮，如下页右图所示。

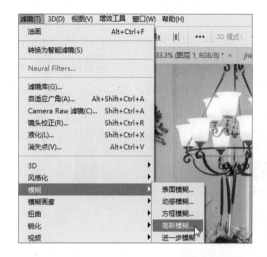

完成上述操作后，可以看到图像变得模糊柔和了，前后对比效果如下两图所示。

（2）径向模糊滤镜

"径向模糊"滤镜可以模拟相机前后移动或旋转时产生的模糊效果。执行"滤镜>模糊>径向模糊"命令，如下左图所示。在打开的"径向模糊"对话框中，选择"旋转"模糊方法时，沿同心圆环线渐进模糊；选择"缩放"模糊方法时，沿径向渐进模糊，图像会产生放射状模糊效果；在"中心模糊"选项区域，可以将单击点设置为模糊的原点，原点位置不同，模糊效果也不同。这里设置"数量"值为38、"模糊方法"为"缩放"，单击"确定"按钮，如下右图所示。

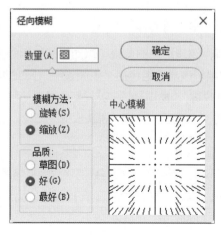

完成上述操作后，可以看到添加径向模糊滤镜的前后对比效果，如下两图所示。

（3）镜头模糊滤镜

应用"镜头模糊"滤镜后，可以产生镜头景深的效果。执行"滤镜>模糊>镜头模糊"命令，如下左图所示。在打开的"镜头模糊"对话框中，对其参数进行调整，单击"确定"按钮，如下右图所示。

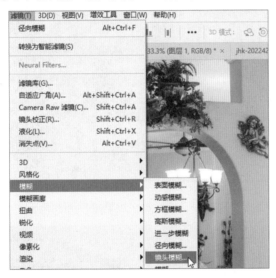

完成上述操作后，可以看到图像中产生了镜头景深的效果，前后对比效果如下两图所示。

8.3.3 "模糊画廊"滤镜组

为图像应用"模糊画廊"滤镜组中的滤镜，可以创建不同样式的模糊效果。该滤镜组中有5种特殊的模糊滤镜，分别为"场景模糊""光圈模糊""移轴模糊""路径模糊"和"旋转模糊"。下面主要介绍两种常用的模糊滤镜。

（1）光圈模糊滤镜

使用"光圈模糊"滤镜，能够模拟相机景深的效果。给照片添加背景虚化时，用户可以在画面中设置保持清晰的区域，以及虚化的范围和程度。执行"滤镜>模糊画廊>光圈模糊"命令，如下左图所示。在打开的光圈模糊设置面板中，把照片中心的黑白圆环移到需要对焦的对象上面，如下右图所示。圆环外围有4个菱形的小手柄，选择相应的手柄并进行拖拽，可以把圆形区域向某个方位拉大，把圆形变成椭圆，同时还可以旋转。圆环右上角有白色的菱形手柄，选中后，按住鼠标左键往外拖拽，可以把圆形或椭圆形变成圆角矩形；往里拖，又可以缩回。位于圆环内侧有4个白点的羽化手柄，用它可以控制从羽化焦点到圆环外围的羽化过渡。

完成上述操作后，可以看到圆形聚焦区域清晰，四周变得模糊了，前后对比效果如下两图所示。

（2）移轴模糊滤镜

"移轴模糊"滤镜比较适合用于俯拍或镜头有些倾斜的照片。执行"滤镜>模糊画廊>移轴模糊"命令，如下页左图所示。在打开的"移轴模糊"设置面板中，最里面的两条直线区域为聚焦区，在这个区域中的图像是清晰的；中间两个小方块是旋转手柄，可以旋转线条的角度及调大聚焦区域。聚焦区以外、虚线区以内的部分为模糊过渡区，把光标放在虚线位置，可以进行拖拽，拉大或缩小模糊区域，如下页右图所示。

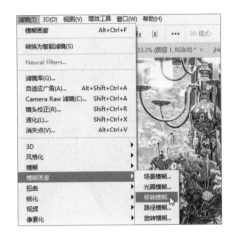

完成上述操作后，可以看到图像中心的聚焦部分清晰，上下变得模糊了，前后对比效果如下两图所示。

8.3.4 "扭曲"滤镜组

"扭曲"滤镜组中的滤镜主要用于对平面图像进行扭曲，使其产生旋转、挤压和水波等变形效果。其中包括"波浪""波纹""极坐标""挤压""切变"和"球面化"等9种滤镜。下面将分别进行介绍。

（1）波浪滤镜

"波浪"滤镜可以通过设置波浪生成器数、波长和类型等参数，创建具有波浪纹理的图像效果。执行"滤镜>扭曲>波浪"命令，如下左图所示。在打开的"波浪"对话框中，对类型、波长、波幅等参数进行调整，单击"确定"按钮，如下右图所示。

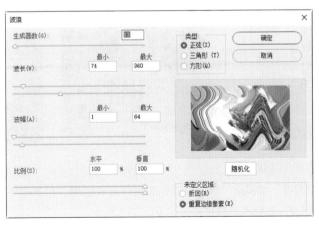

完成上述操作后，可以看到前后对比效果如下两图所示。

（2）球面化滤镜

"球面化"滤镜是通过将选区折成球形的扭曲图像，使其具有3D效果。执行"滤镜>扭曲>球面化"命令，如下左图所示。在打开的"球面化"对话框中，设置"数量"值为67，单击"确定"按钮，如下右图所示。

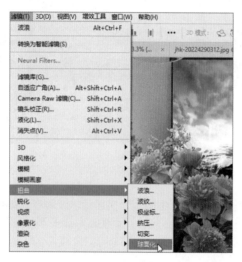

完成上述操作后，可以看到前后对比效果，如下两图所示。

（3）波纹滤镜

"波纹"滤镜与"波浪"滤镜的工作方式相同，但提供的选项较少，只能控制波纹的数量和大小。应用"波纹"滤镜的图像效果，如下页左图所示。

（4）极坐标滤镜

"极坐标"滤镜可以通过转换坐标的方式，创建一种图像变形效果。应用"极坐标"滤镜的图像效果，如下右图所示。

（5）挤压滤镜

应用"挤压"滤镜，可以创建一种挤压图像的效果。当挤压的"数量"为正值时，图像向内凹，如下左图所示；当挤压的"数量"为负值时，图像向外凸，如下右图所示。

（6）切变滤镜

"切变"滤镜，可以通过曲线控制来扭曲图像。执行"滤镜>扭曲>切变"命令，打开"切变"对话框，在曲线上单击可以添加控制点，通过拖动控制点可以改变曲线的形状，如下左图所示。单击"确定"按钮，应用"切变"滤镜的图像效果，如下右图所示。

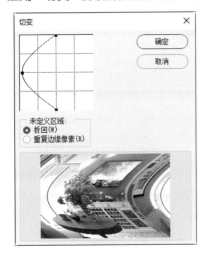 

（7）水波滤镜

应用"水波"滤镜，可以产生类似水面涟漪的图像效果，如右图所示。

（8）置换滤镜

应用"置换"滤镜，可以将图像的像素按照现有图像的像素重新排列并产生位移。置换时，需要使用PSD格式的图像作为置换图。应用置换滤镜的图像效果，如右图所示。

（9）旋转扭曲滤镜

"旋转扭曲"滤镜，可以使图像围绕中心进行旋转。当旋转扭曲的"角度"为正数时，图像沿顺时针方向旋转，如下左图所示；当旋转扭曲的"角度"为负数时，图像沿逆时针方向旋转，如下右图所示。

8.3.5 "锐化"滤镜组

"锐化"滤镜组中包含"USM锐化""进一步锐化""锐化""锐化边缘"和"智能锐化"5种滤镜，可以使图像产生不同程度的锐化效果。

（1）USM锐化滤镜

"USM锐化"滤镜可以查找图像中颜色发生显著变化的区域，然后将其锐化。该滤镜通过锐化图像的轮廓，使不同颜色之间生成明显的分界线，从而达到图像清晰化的目的。在效果图的修改中使用USM锐化滤镜，能够起到使画面变得精致的作用。执行"滤镜>锐化>USM锐化"命令，如下页左图所示。在打开的"USM锐化"对话框中，设置"数量"值为60、"半径"值为5.0、"阈值"值为4，如下页右图所示。

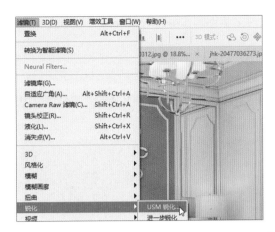
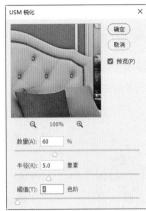

完成上述操作后，应用USM锐化滤镜前后的对比效果，如下两图所示。

（2）进一步锐化滤镜

"进一步锐化"滤镜是通过增加像素之间的对比度，使图像变得更加清晰，且锐化效果较为明显。为图像应用进一步锐化滤镜的效果，如下左图所示。

（3）锐化滤镜

"锐化"滤镜在原理上和"进一步锐化"滤镜一样，但锐化效果不明显。应用锐化滤镜的图像效果，如下右图所示。

（4）锐化边缘滤镜

"锐化边缘"滤镜的作用原理和"USM锐化"滤镜一样，唯一的区别是"USM锐化"滤镜提供调整的参数较多，更适用于复杂的效果制作。因此，在效果图制作中，"USM锐化"滤镜更常用一些。应用"锐化边缘"滤镜的图像效果，如下左图所示。

（5）智能锐化滤镜

"智能锐化"滤镜与"USM锐化"滤镜相似，但它具有更多的参数控制，甚至可以控制高光和阴影区域中的锐化数值。应用智能锐化滤镜的图像效果，如下右图所示。

8.3.6 "像素化"滤镜组

"像素化"滤镜组中的滤镜，可以制作如彩块、点状、晶格和马赛克等特殊效果。该滤镜组中有"彩块化""彩色半调""点状化""晶格化""马赛克""碎片"和"铜版雕刻"7种滤镜。下面主要介绍两种常用的像素化滤镜。

（1）彩色半调滤镜

"彩色半调"滤镜可以将图像中的每种颜色分离，分散为随机分布的网点，如同点状绘画效果，从而将一幅连续色调的图像转变为半色调的图像。执行"滤镜>像素化>彩色半调"命令，如下左图所示。在打开的"彩色半调"对话框中，设置"最大半径"值为10，如下右图所示。

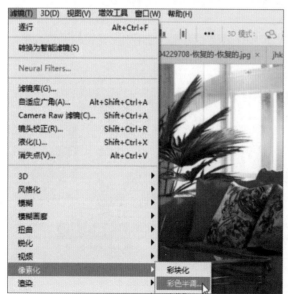

完成上述操作后，为图像应用彩色半调滤镜前后的对比效果，如下页两图所示。

（2）马赛克滤镜

"马赛克"滤镜可以将图像分解成许多规则排列的小方块，实现了图像的网格化。每个网格中的像素均使用本网格内的平均颜色填充，从而产生马赛克般的效果。

执行"滤镜>像素化>马赛克"命令，如下左图所示。在打开的"马赛克"对话框中，"单元格大小"用来控制马赛克色块的大小，设置"单元格大小"值为58，单击"确定"按钮，如下右图所示。

 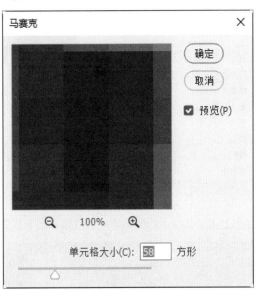

完成上述操作后，可以看到图像已经出现了马赛克效果，前后对比效果如下两图所示。

8.3.7 "渲染"滤镜组

"渲染"滤镜组中的滤镜,可以不同程度地使图像产生三维造型效果或光线照射效果,从而为图像添加特殊的光线。"渲染"滤镜组为用户提供了"火焰""图片框""树""云彩""分层云彩""光照效果""镜头光晕"和"纤维"8种滤镜。下面主要介绍两种常用的渲染滤镜。

(1)光照效果滤镜

"光照效果"滤镜可以在RGB图像上制作出各种光照效果。执行"滤镜>渲染>光照效果"命令,如下左图所示。在该滤镜的"属性"面板中设置各项参数,如下右图所示。

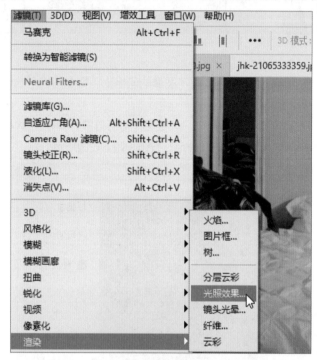
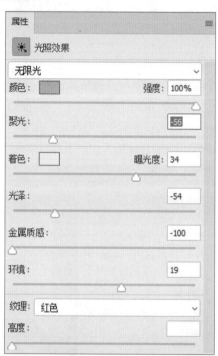

完成上述操作后,图像前后对比效果,如下两图所示。

(2)镜头光晕滤镜

"镜头光晕"滤镜可以模拟亮光照射到相机镜头上所产生的折射,常用来表现玻璃、金属等所形成的反射光,或用来增强日光和灯光的效果。执行"滤镜>渲染>镜头光晕"命令,如下页左图所示。图片上会出现一个十字符号,将其移动到需要对焦的区域,单击"确定"按钮,如下页右图所示。

完成上述操作后，为图像应用镜头光晕滤镜的前后对比效果，如下两图所示。

8.3.8 "杂色"滤镜组

"杂色"滤镜组中的滤镜，可以给图像添加一些随机产生的噪点（干扰颗粒），也可以淡化图像中的噪点，同时还能为图像"去斑"。"杂色"滤镜组包括"减少杂色""蒙尘与划痕""去斑""添加杂色"和"中间值"5种滤镜。下面主要介绍两种常用的杂色滤镜。

（1）蒙尘与划痕滤镜

"蒙尘与划痕"滤镜可以通过更改相异的像素来减少杂色。例如，可以去除扫描图像中的杂点和折痕。执行"滤镜>杂色>蒙尘与划痕"命令，如下左图所示。在打开的"蒙尘与划痕"对话框中，设置"半径"值为272、"阈值"值为3，单击"确定"按钮，如下右图所示。

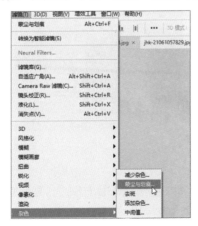

完成上述操作后，可以看到纸上的折痕消失了。图像的前后对比效果，如下两图所示。

（2）添加杂色滤镜

"添加杂色"滤镜可以为图像添加一些细小的像素颗粒，使其混合到图像里的同时产生色散效果，常用于添加杂点纹理效果。执行"滤镜>杂色>添加杂色"命令，如下左图所示。在打开的"添加杂色"对话框中，进行相应的参数设置，单击"确定"按钮，如下右图所示。

完成上述操作后，为图像应用添加杂色滤镜的前后对比效果，如下两图所示。

8.3.9 "其他"滤镜组

"其他"滤镜组可以自定义滤镜或修改蒙版等，其中包括"HSB/HSL""高反差保留""位移""自定""最大值"和"最小值"6种滤镜。下面主要介绍两种常用的"其他"滤镜。

（1）高反差保留滤镜

"高反差保留"滤镜可以在有强烈颜色转变发生的图像区域，按指定的半径保留边缘细节，并且不显示图像的其余部分。该滤镜对于从扫描图像中筛取出艺术线条和大范围的黑白区域非常有用。执行"滤镜>其他>高反差保留"命令，如下左图所示。在打开的"高反差保留"对话框中，设置"半径"值为7.0，单击"确定"按钮，如下右图所示。

完成上述操作后，为图像应用高反差保留滤镜的前后对比效果，如下两图所示。

（2）最大值滤镜

"最大值"滤镜可以在指定的半径内，用周围像素的最高或最低亮度值替换当前像素的亮度值。执行"滤镜>其他>最大值"命令，如下左图所示。在打开的"最大值"对话框中，设置"半径"值为11.3，单击"确定"按钮，如下右图所示。

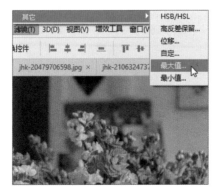 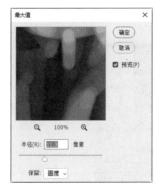

完成上述操作后，可以看到指定半径内，图像的亮度值变高了，前后对比效果如右侧两图所示。

 ## 知识延伸：智能滤镜和普通滤镜的区别

智能滤镜是Photoshop中经常用到的功能，是一种非破坏性的滤镜。智能滤镜是将滤镜效果应用于智能对象上，不会更改图像的原始数据，并且在调节滤镜方面具有更多的控制选项。普通滤镜的参数一旦设定就不能更改，并且可调节参数较少。

打开素材图片，查看"图层"面板，如下左图所示。执行"滤镜>风格化>油画"命令，设置相关参数后，查看画面效果及"图层"面板，如下右图所示。图层面板没有发生变化。

智能滤镜中有一个类似图层样式的列表，列表中显示所使用的滤镜。在图层上单击鼠标右键，选择"转换为智能对象"命令后，执行"滤镜>风格化>油画"命令。在打开的对话框中，设置油画滤镜的相关参数，单击"确定"按钮，查看画面效果及"图层"面板，如下左图所示。双击滤镜名称，可以反复修改滤镜的参数，也可以同时添加多个滤镜。单击智能滤镜前面的眼睛图标，可以将滤镜效果隐藏或删除，也可以查看不同的滤镜效果，如下右图所示。

上机实训：制作室内效果图的柔光效果

扫码看视频

学习完本章的内容，相信用户对Photoshop滤镜的应用有了一定的了解。下面以制作柔光效果的实例，来巩固本章所学的内容。具体操作如下：

步骤 01 启动Photoshop 2024，执行"文件>打开"命令，在弹出的"打开"对话框中选择"室内"图像文件，单击"打开"按钮，如下左图所示。

步骤 02 图像打开后的效果，如下右图所示。

步骤 03 在"图层"面板中单击锁图标🔒，将图层解锁，如下左图所示。

步骤 04 按下快捷键Ctrl+J，将图像的图层复制两层，再将三个图层分别重新命名，如下右图所示。

步骤 05 在"图层"面板中，点击"室内3"图层前面的眼睛图标👁，取消其可见性，单击"室内2"图层，如下左图所示。

步骤 06 执行"滤镜>模糊>高斯模糊"命令，在弹出的"高斯模糊"对话框中，设置"半径"值为9.2，单击"确定"按钮，如下右图所示。

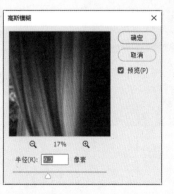

步骤 07 设置完成后，可以看到图像变得柔和了，如下左图所示。

步骤 08 在"图层"面板中，将"室内2"图层的混合模式改为"滤色"，如下右图所示。

步骤 09 设置完成后，图像整体变亮了，如下左图所示。

步骤 10 在"图层"面板中，点亮"室内3"图层前面的眼睛图标 ◉，单击"室内3"图层，如下右图所示。

步骤 11 执行"滤镜>模糊>高斯模糊"命令，在弹出的"高斯模糊"对话框中设置"半径"参数，可以将数值提高一些，如下左图所示。

步骤 12 设置完成后，可以看到图像变得柔和而模糊，如下右图所示。

步骤13 在"图层"面板中，将"室内3"图层的混合模式改为"变亮"，如下左图所示。

步骤14 设置完成后，可以发现图像变亮了，如下右图所示。

步骤15 在"图层"面板中，分别降低"室内2"图层与"室内3"图层的不透明度，如下两图所示。

步骤16 完成上述操作后，为室内效果图制作柔光效果的前后对比，如下两图所示。

课后练习

一、选择题

（1）下列不属于 Photoshop 滤镜效果的是（　　　）。

A. 高斯模糊　　　　　　　　　　B. 自适应广角

C. 风　　　　　　　　　　　　　D. 蒙版

（2）（　　　）滤镜可以调整人物的脸型、五官和身材，而且非常自然。

A. 滤镜库　　　　　　　　　　　B. 液化

C. Camera Raw滤镜　　　　　　　D. 镜头校正

（3）在Photoshop中，高斯模糊滤镜属于（　　　）滤镜组。

A. 风格化　　　　　　　　　　　B. 模糊

C. 渲染　　　　　　　　　　　　D. 模糊画廊

（4）以下哪种色彩模式可以使用的内置滤镜最多（　　　）。

A. CMYK　　　　　　　　　　　B. 位图

C. RGB　　　　　　　　　　　　D. 灰度

二、填空题

（1）在应用Photoshop中的滤镜时，_____滤镜可以使图像效果变得柔和。

（2）_____模式和 _____模式的图像不能应用滤镜操作。

（3）_____是将滤镜效果应用于智能对象上，而不会更改图像的原始数据。

三、上机题

　　首先，打开素材文件，如下左图所示。应用本章所学内容进行水彩效果的制作，制作完成后的效果如下右图所示。

操作提示

① 执行"文件>打开"命令，打开所需要的素材文件。

② 将素材图层复制两层。

③ 灵活使用滤镜库中的滤镜，设置相应的参数，并调整图层的混合模式和不透明度。

第二部分
综合案例篇

在学习了基础知识篇的相关内容后，本篇我们会将零散的知识进行灵活运用，从而制作出丰富、真实的室内设计后期效果。综合案例篇共有3章内容，对Photoshop 2024在室内设计方面的应用热点进行理论分析和案例讲解，在巩固基本知识的同时，使读者能够将其应用到实际工作中。

Ps 第9章 彩色平面图的后期制作

本章概述

本章将详细介绍彩色平面图的后期制作以及色彩调整，包括一些常见工具命令在总图制作中的运用，如油漆桶工具、矩形选区工具和图层样式等。

核心知识点

❶ 掌握彩色平面图的基本制作流程
❷ 掌握室内家具配景的摆放及效果处理
❸ 掌握效果图整体色彩的调整方法

扫码看视频

9.1 填充立面和地面区域

户型的彩色平面图，也就是室内总图，是通过把CAD图纸导出后，在Photoshop中进行后期处理、润色得来的。室内设计的彩色平面图可以将住房的平面空间布局以彩色图形的方式展现出来，包括各独立空间的使用功能、相应的位置、大小以及色彩搭配等，能够帮助人们更直观地了解住房的整体布局、空间利用情况以及设计风格，为客户提供参考依据。制作彩色平面图，首先需要填充平面图的立面、地面区域，便于明确结构与布局划分。下面将详细介绍如何使用Photoshop对室内设计中彩色平面图的立面和地面区域进行填充。

9.1.1 填充墙体

制作彩色平面室内总图的后期效果，首先需要在Photoshop中为不同的元素（如墙体、地面、家具等）分别建立图层，以便于管理和编辑。下面将对墙体填充的操作进行详细讲解。

步骤01 在Photoshop中执行"文件>打开"命令，在弹出的"打开"对话框中，选择"总图"素材，单击"打开"按钮，如右图所示。

步骤02 打开图像素材后，可以看到目前是黑白的线稿户型图，没有色彩结构的明显划分，如右图所示。

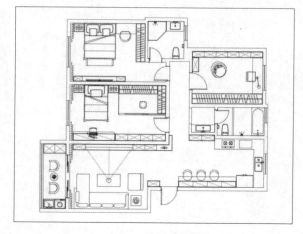

步骤03 在工具栏中选择油漆桶工具，在属性栏中勾选"连续的"和"所有图层"复选框，如下左图所示。

步骤04 在"图层"面板中，新建一个空白图层，将其命名为"墙"，如下右图所示。

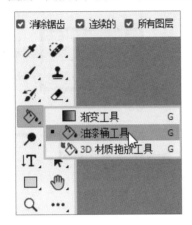

步骤05 在工具栏中，单击"设置前景色"图标，在"拾色器（前景色）"对话框中，设置前景色为黑色，单击"确定"按钮，如下左图所示。

步骤06 使用油漆桶工具填充墙体内部，操作完成后，可以看到墙体变得非常清晰，效果如下右图所示。

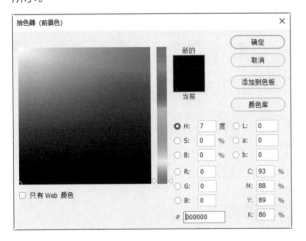

9.1.2 填充窗户

在完成墙体的填充操作后，接下来进行窗户的填充。设置前景色为蓝色，继续使用油漆桶工具对窗户的区域进行填充，以便于能够在平面图中清晰地区分墙体和窗户。

步骤01 在"图层"面板中，新建一个空白图层，将其命名为"窗户"，如右图所示。

步骤 02 设置前景色为蓝色，使用油漆桶工具对窗户进行填充，效果如右图所示。

提示：颜色的选择

在户型图效果制作中，我们一般设置墙体为黑色、窗户为淡蓝色或水蓝色。

9.1.3 填充客厅地面

在完成墙体与窗户的填充操作后，接下来还需要对平面图中各个区域的地面进行填充，以便于能够在平面图中更直观地看到每个区域的风格样式。客厅地面填充的详细操作步骤如下：

步骤 01 在Photoshop中执行"文件>打开"命令，在弹出的"打开"对话框中，选择"客厅铺地"素材，单击"打开"按钮，打开后的素材效果图如右图所示。

步骤 02 执行"编辑>定义图案"命令，在弹出的"图案名称"对话框中，设置图案名称为"客厅铺地.jpg"，如右图所示。

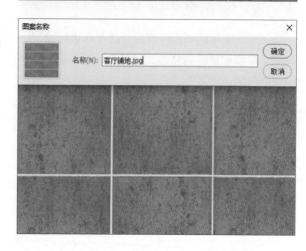

步骤 03 回到总图文档，在"图层"面板中新建一个空白图层，将其命名为"客厅铺地"，如下左图所示。

步骤 04 在工具栏中，选择矩形工具或多边形套索工具，绘制出客厅地面的选区。由于此户型的厨房为开放式厨房，因此要将厨房地面一并框选，如下右图所示。

步骤 05 在工具栏中，设置前景色为任意颜色，这里选择蓝色。执行"编辑>填充"命令或按下快捷键Shift+F5，在打开的"填充"对话框中，设置"内容"为前景色，单击"确定"按钮，如下左图所示。

步骤 06 按下快捷键Ctrl+D取消选区，操作完成后，可以看到客厅地面的选区部分已经填充了颜色，效果如下右图所示。

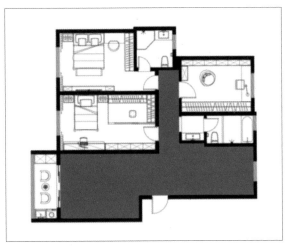

步骤 07 在"图层"面板中，选择"客厅铺地"图层，单击"图层"面板下方的"添加图层样式"按钮 fx ，或者双击"客厅铺地"图层的空白处，在弹出的"图层样式"对话框中，选择"图案叠加"选项。然后，在右侧的"图案"选项区域中，选择此前定义好的"客厅铺地"图案，设置"缩放"值为26，单击"确定"按钮，如右图所示。

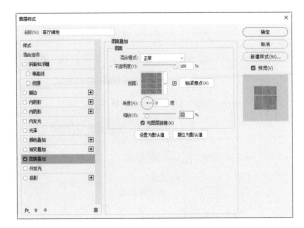

步骤 08 完成上述操作后，返回绘图区，可以
看到客厅地面已经出现了瓷砖效果，如右图所示。

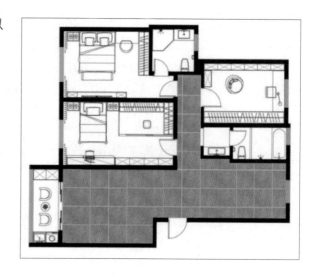

9.1.4　填充卫生间和阳台地面

接下来，进行卫生间和阳台地面的填充操作。我们可以改变一下地面的颜色和样式，以便于更好地区
分不同区域的视觉效果和功能特性。具体操作步骤如下：

步骤 01 在Photoshop中执行"文件>打开"命令，在弹出的"打开"对话框中，选择"卫生间、阳
台铺地"素材，打开后的素材效果如下左图所示。

步骤 02 执行"编辑>定义图案"命令，在弹出的"图案名称"对话框中设置图案名称，如下右图所示。

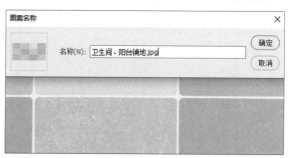

步骤 03 回到总图文档，在"图层"面板中新建一个空白图层，将其命名为"卫生间、阳台铺地"，如
下左图所示。

步骤 04 在工具栏中，选择矩形工具或多边形套索工具，绘制出卫生间和阳台地面的选区，如下右图
所示。

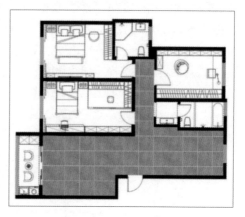

步骤 05 在工具栏中，设置前景色为任意颜色，这里选择蓝色。执行"编辑>填充"命令或按下快捷键Shift+F5，在打开的"填充"对话框中，设置"内容"为"前景色"，单击"确定"按钮，如下左图所示。

步骤 06 按下快捷键Ctrl+D取消选区，操作完成后，可以看到卫生间和阳台地面的选区部分已经填充了颜色，效果如下右图所示。

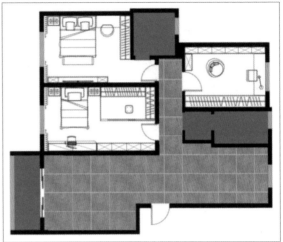

步骤 07 在"图层"面板中，选择"卫生间、阳台铺地"图层，单击"图层"面板下方的"添加图层样式"按钮，或者双击"卫生间、阳台铺地"图层的空白处，在弹出的"图层样式"对话框中，选择"图案叠加"选项。然后，在右侧的"图案"选项区域中，选择此前定义好的"卫生间、阳台铺地"图案，设置"缩放"值为10，单击"确定"按钮，如下左图所示。

步骤 08 完成上述操作后，返回绘图区，可以看到卫生间和阳台地面出现了另一种瓷砖效果，如下右图所示。

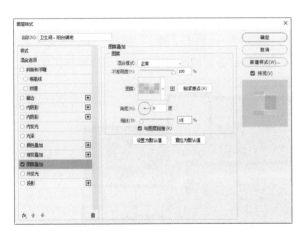
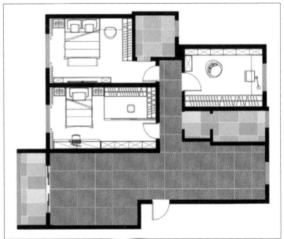

9.1.5 填充卧室地面

卧室是人们休息和放松的区域，我们可以选择温馨、有质感的地面纹理，从而使彩色平面图的后期效果看起来更加真实。下面介绍卧室地面填充的操作步骤。

步骤 01 在Photoshop中执行"文件>打开"命令，在弹出的"打开"对话框中，选择"卧室铺地"素材，单击"打开"按钮。打开后的素材效果，如下页左图所示。

步骤02 执行"编辑>定义图案"命令，在弹出的"图案名称"对话框中设置图案名称，如下右图所示。

步骤03 回到总图文档，在"图层"面板中新建一个空白图层，将其命名为"卧室铺地"，如下左图所示。

步骤04 在工具栏中，选择矩形工具或多边形套索工具，绘制出卧室地面的选区，如下右图所示。

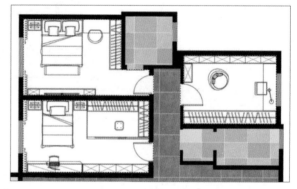

步骤05 在工具栏中，设置前景色为任意颜色，这里选择蓝色。执行"编辑>填充"命令或按下快捷键Shift+F5，在打开的"填充"对话框中，设置"内容"为"前景色"，单击"确定"按钮，如下左图所示。

步骤06 按下快捷键Ctrl+D取消选区，操作完成后，可以看到卧室地面的选区部分已经填充了颜色，效果如下右图所示。

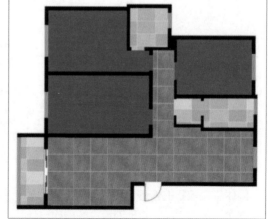

步骤07 在"图层"面板中，选择"卧室铺地"图层，单击"图层"面板下方的"添加图层样式"按钮 fx ，或者双击"客厅铺地"图层的空白处，在弹出的"图层样式"对话框中，选择"图案叠加"选项。

然后，在右侧的"图案"选项区域中，选择此前定义好的"卧室铺地"图案，设置"缩放"值为15，单击"确定"按钮，如下左图所示。

步骤08 完成上述操作后，返回绘图区，可以看到卧室地面出现了木地板效果，如下右图所示。

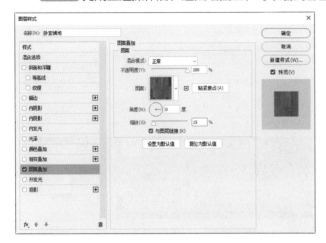

9.2 家具配景的添加

在完成了前面的填充操作后，接下来就可以在平面图中添加家具配景了。家具是室内空间中不可或缺的元素，它们不仅具有实用价值，还承载着空间氛围的营造功能。在彩色平面图中添加家具配景，可以模拟实际空间的使用场景，使观者能够感受到空间的尺度、比例、氛围等要素。这种空间感受的增强，有助于提升设计方案的吸引力和说服力。此外，家具配景的选择和布置，往往能够反映出设计的风格和主题。在彩色平面图中添加家具配景，有助于明确设计方案的风格和主题定位，使观者能够一目了然地了解设计的整体风格和氛围。这种风格的展示，也有助于增强设计方案的感染力和吸引力。合理的配景布局，可以引导视觉焦点，使空间看起来更加宽敞、有序，从而提升整体的使用体验。

总之，通过不同的家居环境（如客厅、卧室、书房等），可以展示家具在不同空间中的设计融合效果。下面将对添加家具配景的操作进行详细讲解。

步骤01 在Photoshop中执行"文件>打开"命令，在弹出的"打开"对话框中，选择"配景"文件，单击"打开"按钮，如下左图所示。

步骤02 文件打开后，可以看到配景素材的效果，如下右图所示。

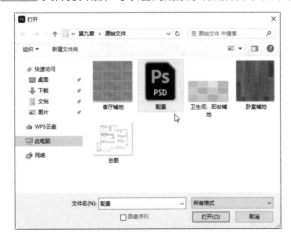
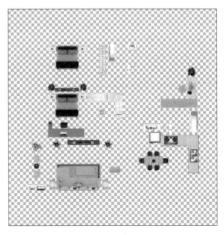

步骤 03 按住Shift键，在"图层"面板中单击最上方和最下方的配景素材图层，这样就可以直接选中所有的配景素材图层，然后将它们全部拖拽到总图中，如下左图所示。

步骤 04 选中所有配景素材后，在"图层"面板中任意一个配景素材上单击鼠标右键，选择"从图层建立组"命令，在打开的"从图层新建组"对话框中，设置名称为"配景"，单击"确定"按钮，如下右图所示。

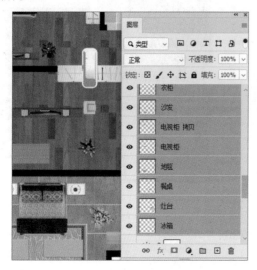

步骤 05 将配景素材按照平面图的区域划分，以及配景的样式和功能来进行放置，并调整其大小和位置，使配景融入到相应的室内环境中。例如，客厅可以放置沙发、地毯、盆栽、电视机、鞋柜等，如下左图所示。

步骤 06 按照同样的思路和方法，继续在其他区域添加配景素材，使家具配景与室内环境相融合。全部添加完成的效果，如下右图所示。

步骤 07 添加家具配景后，可以看到当前的配景看起来很生硬，没有立体感和真实感，因此，接下来还需要为家具配景添加阴影效果。在"图层"面板中选中"配景"图层组，单击"图层"面板下方的"添加图层样式"按钮，或者双击"配景"图层组的空白处，在弹出的"图层样式"对话框中，选择"投影"选项。然后，在右侧的"投影"选项区域中，设置"混合模式"为"正片叠底"、"不透明度"值为55、"距离"值为10、"扩展"值为1、"大小"值为15，单击"确定"按钮，如下页左图所示。

步骤 08 操作完成后，可以看到配景出现了投影效果，变得更加真实立体了，如下页右图所示。

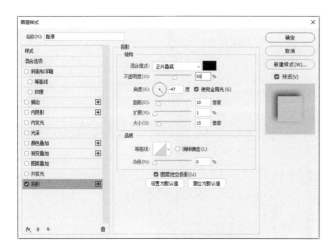

9.3 图像整体的色彩调整

目前，可以看到大致已经完成的彩色平面图，在视觉上颜色偏灰，对比度不够明显。因此，还需要对图像进行整体的色彩调整，使彩色平面图的后期效果达到最佳。下面将详细讲解操作步骤。

步骤 01 按下Ctrl+Shift+Alt+E组合键，对图像进行盖印操作，如下左图所示。"图层"面板中的"图层1"，即是盖印的图层。

步骤 02 在"图层"面板中单击"图层1"，将其重命名为"盖印"，设置"盖印"图层的混合模式为柔光，如下右图所示。

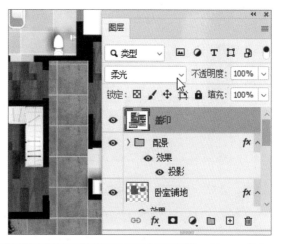

提示：什么是盖印图层

在Photoshop中，盖印图层是一种将可见图层的效果整合到一个新图层中的功能。这一功能允许用户在不改变原始图层的情况下，对多个图层进行编辑和调整。盖印图层与合并可见图层的区别在于，盖印图层在整合效果的同时，保留原始图层的独立性，而合并可见图层则会将所有可见图层合并成一个新的图层，原始图层不再存在。盖印图层是Photoshop中一个非常强大且实用的功能，它为用户提供了更多的灵活性和便利性，使得图像处理过程变得更加高效和简单。

步骤 03 如果需要模糊柔和的图像效果，则执行"滤镜>模糊>高斯模糊"命令，在打开的"高斯模糊"对话框中，设置"半径"值为0.7，单击"确定"按钮，如下页左图所示。

步骤 04 继续选择"图层"面板中的"盖印"图层,执行"图像>调整>曲线"命令或按下快捷键 Ctrl+M,在打开的"曲线"对话框中,对图像的对比度、明度和色调进行精确的调整,单击"确定"按钮,如下右图所示。

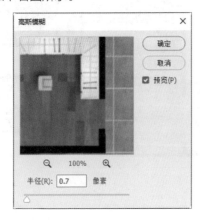
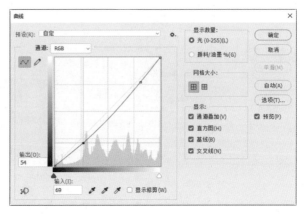

步骤 05 执行"图像>调整>色彩平衡"命令或按下快捷键Ctrl+B,在打开的"色彩平衡"对话框中,设置"色阶"值分别为+16、−6、−10,单击"确定"按钮。增加或减少图像中的相应颜色,调整整体图像的色彩平衡后,效果如下左图所示。

步骤 06 单击"图层"面板下方的"创建新的填充或调整图层"按钮,选择"亮度/对比度"选项。在"属性"面板中,设置"亮度"值为3、"对比度"值为8,如下右图所示。

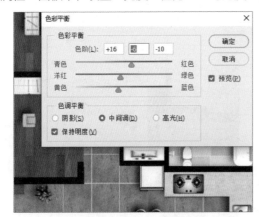
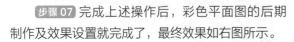

步骤 07 完成上述操作后,彩色平面图的后期制作及效果设置就完成了,最终效果如右图所示。

Ps 第10章 装饰元素与室内设计的融合

本章概述

　　本章将综合所学知识将装饰元素融入效果图，包括使用选框工具抠取元素、对元素进行图像调整以及设置高光/阴影等。通过本章内容的学习，用户可以根据自己的创意设计不同的室内效果。

核心知识点

❶ 掌握选框工具的使用
❷ 掌握图像调整命令的使用
❸ 掌握室内物品高光/阴影的设置

10.1　将装饰元素融入室内环境

扫码看视频

　　在Photoshop中，将装饰元素融入到室内效果图中，不仅能够美化图像，还能提升设计的真实感、营造特定的氛围、增强空间的层次感，以及更好地向客户或观众传达设计理念。例如，卧室作为人们休息放松的区域，在进行效果图制作时，应当以暖色调为主，体现卧室温馨舒适的氛围。本案例将详细讲解装饰元素的抠取及其图像色调的调整，使其与卧室环境相融合，最后再对整体的图像进行调整。

10.1.1　抠取装饰元素

　　在制作卧室效果图之前，用户需要准备花瓶、闹钟、沙发凳、书本、水杯等装饰元素。本节将介绍利用选区工具对装饰元素进行抠取的方法。

步骤01 在Photoshop中，执行"文件>打开"命令，在弹出的"打开"对话框中，选择"花瓶"素材，单击"打开"按钮，如下左图所示。

步骤02 在打开的花瓶图像中，可以看到花瓶与原有的背景融合在一起，如下右图所示。

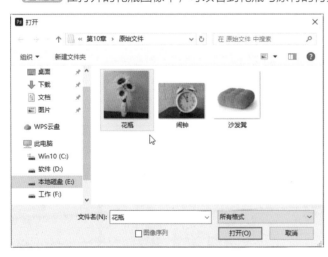

　　步骤03 虽然花瓶主体与背景的反差较大，但花朵的边缘过于复杂，因此，可以在工具栏中选择对象选择工具，如下页左图所示。

　　步骤04 对象选择工具可以自动检测并选择图像中的对象或区域，不需要做精确的边缘绘制，只需要框选出大致的范围即可，如下页右图所示。

步骤 05 在红色区域内单击鼠标，即可生成花瓶的选区，如下左图所示。

步骤 06 选区创建完成后，按下快捷键Ctrl+J，将选区内容复制到新图层，即可完成花瓶的抠取，效果如下右图所示。

步骤 07 执行"文件>打开"命令，在弹出的"打开"对话框中，按住Ctrl键，依次单击"闹钟""沙发凳""书本""水杯"素材，单击"打开"按钮，如下左图所示。

步骤 08 切换到"闹钟"素材，可以观察到闹钟的边缘线较复杂，有曲线也有折角，并且，闹钟主体的颜色较浅，与背景的区分不是很明显，如下右图所示。

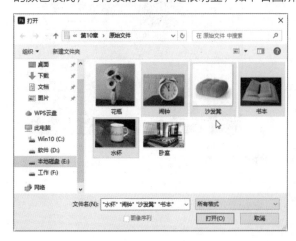

步骤09 使用对象选择工具快速创建主体选区，随后使用快速选择工具增减选区范围，精确创建闹钟的选区，效果如下左图所示。

步骤10 选区创建完成后，按下快捷键Ctrl+J，将选区内容复制到新图层，即可完成闹钟的抠取，效果如下右图所示。

步骤11 切换到"沙发凳"素材，可以观察到沙发凳的边缘是曲线，但背景比较简洁，颜色单一，所以可以使用魔棒工具创建选区。在工具栏中选择魔棒工具，在属性栏中设置"容差"值为20，然后单击沙发凳以外的背景进行选取，如下左图所示。

步骤12 执行"选择>反选"命令或按下Ctrl+Shift+I组合键，对选区进行反选，即可选中沙发凳。然后按下快捷键Ctrl+J，将选区内容复制到新图层，即可完成沙发凳的抠取，效果如下右图所示。

 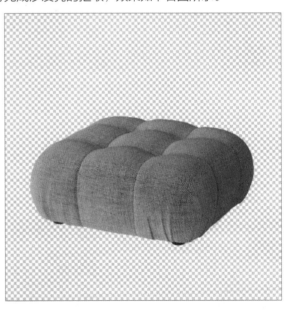

步骤13 切换到"书本"素材，可以观察到书本的边缘以直线为主，因此可以在工具栏中选择多边形套索工具。在书本边缘单击作为起点，然后沿着书本的边沿持续单击，以创建锚点，最后使起点和终点重合后，即可绘制出书本的选区，如下页左图所示。

步骤14 选区创建完成后，按下快捷键Ctrl+J，将选区内容复制到新图层，即可完成书本的抠取，效果如下页右图所示。

步骤15 切换到"水杯"素材，可以观察到水杯的边缘主要是直线和曲线，并且水杯与背景的反差较大，因此，可以在工具栏中选择磁性套锁工具，然后在水杯边缘单击确定起点，沿着水杯边缘移动光标，即可自动添加锚点，如下左图所示。

步骤16 当锚点的终点与起点重合时，单击鼠标，即可为水杯创建选区，如下右图所示。

步骤17 由于水杯是由杯身和杯把组成，因此还需要将杯身与杯把之间镂空的背景部分去掉。同样使用磁性套索工具，在属性栏中单击"从选区减去"按钮，在水杯的镂空边缘单击确定起点，然后沿着其边缘移动光标，即可自动添加锚点。当锚点的终点与起点重合时，单击鼠标，即可形成减去镂空部分的选区，如下左图所示。

步骤18 选区创建完成后，按下快捷键Ctrl+J，将选区内容复制到新图层，即可完成水杯的抠取，效果如下右图所示。

10.1.2 调整装饰元素

装饰元素全部抠取完成后，就可以将其放入卧室效果图中了。然后，需要对装饰元素进行调整，使其与卧室环境相协调。例如，根据物品的远近制作出层次感，设计卧室内的灯光，以及为物品添加阴影等，能够让整体效果更加和谐真实。下面将进行详细讲解。

步骤01 执行"文件>打开"命令，在弹出的"打开"对话框中，选择"卧室"素材，单击"打开"按钮，如右图所示。

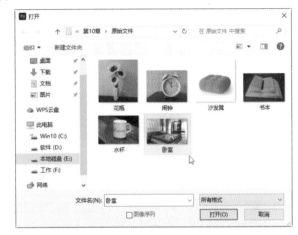

步骤02 查看打开后的卧室图像效果，如右图所示。

步骤03 切换至"花瓶"文件，在"图层"面板中，选中已抠取的"花瓶"图层，单击鼠标右键，在快捷菜单中选择"复制图层"命令。在打开的"复制图层"对话框中，将"图层1"重命名为"花瓶"。在"目标"选项区域中，单击"文档"的下三角按钮，选择"卧室.jpg"，如下左图所示。

步骤04 单击"确定"按钮，返回"卧室"图像文件，可以看到花瓶已经出现在卧室中，如下右图所示。

步骤05 使用移动工具，将花瓶移动到床旁边的桌面上。按下快捷键Ctrl+T，将花瓶缩放到合适的比例和大小，按下Enter键确认，完成后的效果如下页左图所示。

步骤 06 由于卧室环境处于夜晚状态，而此时花瓶中的花朵与整体环境的光线有些不相称，因此，可以适当降低一点明度。执行"图像>调整>色相/饱和度"命令，在打开的"色相/饱和度"对话框中，设置"明度"值为-10，单击"确定"按钮，如下右图所示。

步骤 07 由于抠取的花瓶颜色是纯白色，为了使花瓶更加自然地融入卧室环境，可以执行"图像>调整>色彩平衡"命令，在打开的"色彩平衡"对话框中，设置"色阶"值分别为0、0、-10，为花瓶添加一些黄色的环境色，单击"确定"按钮，如下左图所示。

步骤 08 切换至"闹钟"文件，在"图层"面板中，选中已抠取的"闹钟"图层，单击鼠标右键，在快捷菜单中选择"复制图层"命令。在打开的"复制图层"对话框中，将"图层1"重命名为"闹钟"。在"目标"选项区域中，单击"文档"的下三角按钮，选择"卧室.jpg"，如下右图所示。

步骤 09 单击"确定"按钮，返回"卧室"图像文件，可以看到闹钟已经出现在卧室中，如下左图所示。

步骤 10 使用移动工具，将闹钟移动到床旁边的桌面上。按下快捷键Ctrl+T，将闹钟缩放到合适的比例和大小，按下Enter键确认，完成后的效果如下右图所示。

步骤11 再次执行"图像>调整>色彩平衡"命令,在打开的"色彩平衡"对话框中,设置"色阶"值分别为0、0、-8,为闹钟添加一些黄色的环境色,单击"确定"按钮,如下左图所示。

步骤12 切换至"沙发凳"文件,在"图层"面板中,选中已抠取的"沙发凳"图层,单击鼠标右键,在快捷菜单中选择"复制图层"命令。在打开的"复制图层"对话框中,将"图层3"重命名为"沙发凳"。在"目标"选项区域中,单击"文档"的下三角按钮,选择"卧室.jpg",如下右图所示。

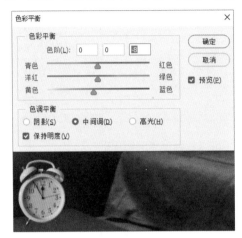

步骤13 单击"确定"按钮,返回"卧室"图像文件,可以看到沙发凳已经出现在卧室中,如下左图所示。

步骤14 使用移动工具,将沙发凳移动到床前面的地毯上。按下快捷键Ctrl+T,将沙发凳缩放到合适的比例和大小,按下Enter键确认,完成后的效果如下右图所示。

步骤15 此时,可以看到沙发凳与卧室环境有些不相称,这是因为沙发凳的亮度和色调与整体环境不相符,因此需要对沙发凳进行色彩调整。执行"图像>调整>亮度/对比度"命令,在打开的"亮度/对比度"对话框中,设置"亮度"值为-38、"对比度"值为17,单击"确定"按钮,如右图所示。

步骤16 接下来，切换至"书本"文件，在"图层"面板中，选中已抠取的"书本"图层，单击鼠标右键，在快捷菜单中选择"复制图层"命令。在打开的"复制图层"对话框中，将"图层1"重命名为"书本"。在"目标"选项区域中，单击"文档"的下三角按钮，选择"卧室.jpg"，如右图所示。

步骤17 单击"确定"按钮，返回"卧室"图像文件，可以看到书本已经出现在卧室中，如下左图所示。

步骤18 使用移动工具，将书本移动到床边的沙发底座上。按下快捷键Ctrl+T，将书本旋转缩放到合适的比例和大小，按下Enter键确认，完成后的效果如下右图所示。

步骤19 切换至"水杯"文件，在"图层"面板中，选中已抠取的"水杯"图层，单击鼠标右键，在快捷菜单中选择"复制图层"命令。在打开的"复制图层"对话框中，将"图层1"重命名为"水杯"。在"目标"选项区域中，单击"文档"的下三角按钮，选择"卧室.jpg"，如下左图所示。

步骤20 单击"确定"按钮，返回"卧室"图像文件，可以看到水杯已经出现在卧室中，如下右图所示。

步骤21 使用移动工具，将水杯移动到床边的桌子上，放置在闹钟前面，形成前后错落的空间感。按下快捷键Ctrl+T，将水杯缩放到合适的比例和大小，按下Enter键确认，完成后的效果如下页左图所示。

步骤22 此时，可以看到水杯的亮度偏高，并且色调与卧室环境不相符，因此需要对水杯进行相应的调整。执行"图像>调整>亮度/对比度"命令，在打开的"亮度/对比度"对话框中，设置"亮度"值为-29、"对比度"值为14，单击"确定"按钮，如下右图所示。

步骤23 执行"图像>调整>色彩平衡"命令，在打开的"色彩平衡"对话框中，设置"色阶"值分别为0、0、-13，单击"确定"按钮，如下左图所示。

步骤24 完成上述操作后，返回绘图区，可以看到装饰元素的大小、位置以及初步调整的效果，如下右图所示。

步骤25 在"图层"面板中按住Shift键，将所有装饰元素图层选中，在任意一个被选中的图层上单击鼠标右键，在快捷菜单中选择"从图层建立组"命令。在打开的"从图层新建组"对话框中，设置"名称"为"装饰"，单击"确定"按钮，如右图所示。

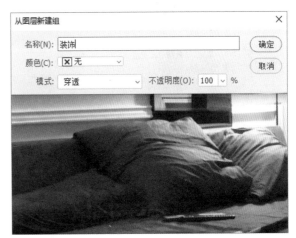

步骤26 设置完成后，可以看到在"图层"面板中，所有的装饰元素图层都已经被归纳到了"装饰"图层组中，这样便于后续对装饰元素进行整体操作，如右图所示。

步骤27 在"图层"面板中，选择"装饰"图层组，单击"图层"面板下方的"添加图层样式"按钮 fx ，或者双击"装饰"图层组空白处，在弹出的"图层样式"对话框中，选择"投影"选项。然后，在右侧的"结构"选项区域中设置"混合模式"为"正片叠底"、"不透明度"值为69、"角度"值为48、"距离"值为26、"扩展"值为1、"大小"值为54，单击"确定"按钮，如下左图所示。

步骤28 设置完成后，返回绘图区，可以看到装饰元素出现了投影效果，如下右图所示。

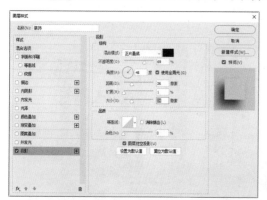

步骤29 接下来，需要根据卧室的光效，添加和调整装饰元素的高光和阴影，使装饰元素与卧室环境更好地融合。按下Ctrl+Shift+Alt+E组合键，对图像进行盖印操作，如下左图所示。可以看到"图层"面板中的"图层1"即是盖印的图层。

步骤30 在工具栏中，选择加深工具，如下右图所示。

步骤 31 在属性栏中，根据涂抹范围设置画笔笔触的大小和硬度，设置描边的"曝光度"值为15，如下左图所示。

步骤 32 设置参数后，根据卧室内的光效，在装饰元素的阴影部分进行涂抹。涂抹完成后，可以看到装饰物的阴影加深了，效果如下右图所示。

步骤 33 在工具栏中，选择减淡工具，如下左图所示。

步骤 34 在属性栏中，根据涂抹范围设置画笔笔触的大小和硬度，设置描边的"曝光度"值为50，如下右图所示。

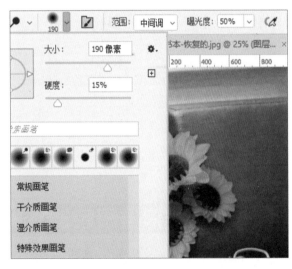

步骤 35 设置参数后，根据卧室内的光效，在装饰元素的高光部分进行涂抹。涂抹完成后，可以看到装饰物高光部分的亮度提升了，效果如右图所示。

10.1.3　图像的整体调整

在完成了装饰元素的抠取及其调整后，接下来还需要对图像进行整体的色彩调整，使装饰元素与卧室环境能够更好地融合。通过调整图像的整体色调，能够使卧室更具有温馨舒适的氛围感。

步骤 01 执行"图像>调整>色彩平衡"命令，在打开的"色彩平衡"对话框中，选择"高光"单选按钮，设置"色阶"值分别为+15、0、-23，使图像的高光部分偏暖，营造暖色调氛围，单击"确定"按钮，如下左图所示。

步骤 02 至此，卧室效果图就全部完成了，如下右图所示。

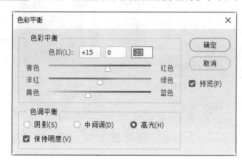 

步骤 03 最后，执行"文件>存储为"命令或按下Shift+Ctrl+S组合键，在打开的"另存为"对话框中，设置文件名为"卧室效果图制作"，单击"保存"按钮，如右图所示。

10.2　制作浪漫暖色调室内餐厅效果图

扫码看视频

本案例将介绍室内效果图的调整方法，让效果图看起来更具色彩化。首先，要对室内素材进行观察分析，找出不足和需要美化的部分，然后使用图像调整命令，调整图像的局部及整体色调。

10.2.1　使用图像调整命令调整效果图

对室内效果图进行调整时，首先要考虑图像中的阴影、高光和中间调，然后再根据需求进行调整。此外，还需要对效果图的整体色相/饱和度进行调整。下面介绍具体操作方法。

步骤 01 在Photoshop中，执行"文件>打开"命令。在弹出的"打开"对话框中，选择"餐厅"素材，单击"打开"按钮，如下页左图所示。

步骤 02 打开后，可以看到餐厅素材图像的色调偏冷，在白天的环境中，亮度和曝光度不足，对比度不够明显，如下页右图所示。

步骤 03 在"图层"面板中，按下Ctrl+J组合键，复制一层"背景"图层，得到"图层 1"，如下左图所示。

步骤 04 在"图层"面板中，单击"创建新的填充或调整图层"按钮 ⊘ ，在打开的下拉列表中，选择"色彩平衡"选项，如下右图所示。

步骤 05 创建"色彩平衡"图层后，在"属性"面板中的"色调"下拉列表中，选择"阴影"选项，并设置"阴影"的相关参数，如下左图所示。

步骤 06 在"属性"面板的"色调"下拉列表中，选择"中间调"选项，并设置"中间调"的相关参数，如下右图所示。

步骤 07 在"属性"面板的"色调"下拉列表中，选择"高光"选项，并设置"高光"的相关参数，如下页左图所示。

步骤 08 设置完成后，返回绘图区查看图像效果，如下页右图所示。

步骤 09 按下Ctrl+Shift+Alt+E组合键，盖印可见图层，得到"图层 2"，如下左图所示。

步骤 10 在"图层"面板中，单击"创建新的填充或调整图层"按钮，在打开的下拉列表中，选择"可选颜色"选项，如下右图所示。

步骤 11 创建"可选颜色"图层后，在"属性"面板的"颜色"下拉列表中，选择"黄色"选项，并设置"黄色"通道的相关参数，如下左图所示。

步骤 12 在"属性"面板的"颜色"下拉列表中，选择"黑色"选项，并设置"黑色"通道的相关参数，如下右图所示。

提示：可选颜色命令

"可选颜色"命令的工作原理是对限定颜色区域中各像素的青色、洋红、黄色、黑色这4种油墨进行调整，从而在不影响其他颜色的基础上，调整所限定的颜色。使用"可选颜色"命令，可以有针对性地调整图像中的某个颜色或校正色彩平衡等颜色问题。此外，该选项组中有"相对"和"绝对"两个单选按钮。选中"相对"单选按钮，将会按照CMYK总量的百分比，更改现有的青色、洋红、黄色或黑色的量；选中"绝对"单选按钮，则会按照CMYK总量的绝对值调整颜色。

步骤13 设置完成后，在"图层"面板中单击"创建新的填充或调整图层"按钮 ，在打开的下拉列表中，选择"照片滤镜"选项，如下左图所示。

步骤14 创建"照片滤镜"图层后，在"属性"面板的"滤镜"下拉列表中，选择"Warming Filter (81)"选项，设置"密度"值为42%，如下右图所示。

步骤15 设置完成后，返回绘图区查看图像效果，如下左图所示。

步骤16 按下Ctrl+Shift+Alt+E组合键，盖印可见图层，得到"图层3"图层，如下右图所示。

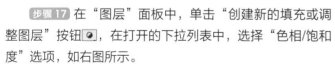

步骤17 在"图层"面板中，单击"创建新的填充或调整图层"按钮 ，在打开的下拉列表中，选择"色相/饱和度"选项，如右图所示。

步骤18 创建"色相/饱和度"图层后，在"属性"面板中的"色相/饱和度"下拉列表中，选择"红色"选项，设置"色相"值为-4、"饱和度"值为+28、"明度"值为+10，如下左图所示。

步骤19 在"属性"面板的"色相/饱和度"选项区域中，选择"黄色"选项，设置"色相"值为0、"饱和度"值为+26、"明度"值为+12，如下右图所示。

步骤20 在"属性"面板中的"色相/饱和度"选项区域中，选择"全图"选项，设置"色相"值为0、"饱和度"值为+15、"明度"值为+4，如下左图所示。

步骤21 设置完成后，返回绘图区查看图像效果，如下右图所示。

10.2.2 使用滤镜调整效果图

在上述操作的基础上，使用滤镜来调整效果图，对图像的基本色温、色调以及曝光度等进行设置，然后再添加镜头光晕效果，能够使照片更真实、明亮。下面介绍具体操作方法。

步骤01 按下Ctrl+Shift+Alt+E组合键，盖印所有可见图层，得到"图层4"，如下页左图所示。

步骤02 在"图层"面板中，选中"图层4"，执行"滤镜>Camera Raw滤镜"命令，打开"Camera

Raw"对话框。在"基本"选项卡中，设置"色温"值为+14、"曝光"值为+0.20、"对比度"值为+13、"高光"值为+7、"黑色"值为+7，如下右图所示。

步骤 03 切换到"细节"选项卡，在"锐化"选项区域中，设置"锐化"值为60、"半径"值为1.2、"细节"值为14；在"减少杂色"选项区域中，设置"减少杂色"值为22、"细节"值为56，如下左图所示。

步骤 04 切换到"混色器"选项卡，在"饱和度"选项区域中，设置"红色"值为+8、"橙色"值为+19、"黄色"值为+15、"绿色"值为+23、"浅绿色"值为+16，如下右图所示。

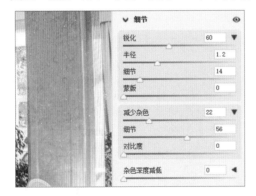 

步骤 05 设置完成后，效果如下左图所示。

步骤 06 在菜单栏中，执行"滤镜>渲染>镜头光晕"命令，如下右图所示。

步骤 07 在打开的"镜头光晕"对话框中，设置"亮度"值为100%、"镜头类型"为"50-300毫米变焦"，单击"确定"按钮，如下左图所示。

步骤 08 再次执行"滤镜>渲染>镜头光晕"命令，在打开的"镜头光晕"对话框中，设置"亮度"值为100%、"镜头类型"为"电影镜头"，单击"确定"按钮，如下右图所示。此时，为图像的镜头光晕效果增加了一些细节。

步骤 09 设置完成后，返回绘图区，可以看到窗户的光源处已经添加了光晕效果，如下左图所示。

步骤 10 设置完成后，在"图层"面板中选择"图层 4"，按下快捷键Ctrl+J，复制得到"图层 4拷贝"。在"图层"面板中，将"图层4拷贝"的图层混合模式设置为"柔光"、"不透明度"为50%，如下右图所示。

步骤 11 至此，浪漫暖色调室内餐厅效果图就完成了，效果如右图所示。

Ps 第11章 室内效果图的后期制作

本章概述

本章将主要讲解室内效果图的后期制作方法，包括室内效果图日景与夜景效果的修饰。通过本案例的学习，相信读者可以快速掌握室内效果图后期制作的操作技巧。

核心知识点

❶ 掌握选区的使用
❷ 掌握通道的使用
❸ 掌握室内日景效果的处理技巧
❹ 掌握室内夜景效果的处理技巧

11.1 室内日景效果后期表现

在Photoshop中，室内日景效果图的后期处理是一项细致的工作，旨在通过调整色彩、光影、细节等方面，使图像更加接近或超越实际拍摄时的日景效果。下面进行室内日景效果后期处理的详细讲解。

扫码看视频

11.1.1 添加外景

在室内日景效果图中加入外景元素，可以显著提升设计的真实感、空间感和视觉吸引力。加入真实或模拟的外景图像，如蓝天白云、绿树成荫、城市天际线等，能够极大地提升效果图的真实性和可信度。同时根据外景的光效，可以更加直观地体现日景与夜景的区别。下面介绍详细的操作方法。

步骤 01 在Photoshop中，执行"文件>打开"命令，在弹出的"打开"对话框中，选择"卧室"图像文件，单击"打开"按钮，如下左图所示。

步骤 02 打开后，可以看到该图像曝光不足，画面对比度低，整体色调偏灰，如下右图所示。

步骤 03 在工具栏中，选择魔棒工具，如下左图所示。

步骤 04 在属性栏中，单击"添加到选区"按钮，设置"容差"值为30，如下右图所示。

步骤 05 设置完成后，使用魔棒工具在窗户区域单击，形成选区，如下左图所示。

步骤 06 单击"通道"面板下方的"创建新通道"按钮，如下右图所示。"Alpha 1"通道就是新建的Alpha通道，便于保存和随时调出选区。

步骤 07 设置前景色为白色，按下快捷键Alt+Delete，将选区填充为白色，然后按下快捷键Ctrl+D取消选区，如下左图所示。

步骤 08 在"通道"面板中，单击RGB颜色通道。执行"文件>打开"命令，在弹出的"打开"对话框中，选择"外景"素材，单击"打开"按钮，如下右图所示。

步骤 09 打开外景素材后，在"图层"面板中选择"背景"图层，单击鼠标右键，在快捷菜单中选择"复制图层"命令。在"复制图层"对话框的"目标"选项区域中，单击"文档"的下三角按钮，选择"卧室.jpg"，如下左图所示。

步骤 10 单击"确定"按钮，返回"卧室"图像文件，可以看到外景素材已经出现在图像中，如下右图所示。

步骤11 选择移动工具，按下快捷键Ctrl+T，将外景图像缩放到合适的比例和大小，再将其移动到窗户区域，按下Enter键确认，如下左图所示。

步骤12 在"通道"面板中，按住Ctrl键，单击"Alpha 1"通道，即可调出窗户的选区，如下右图所示。

步骤13 按下Ctrl+Shift+I组合键，反选选区，如下左图所示。

步骤14 在"图层"面板中，单击"背景拷贝"图层，按下Delete键删除选区内的外景图像，再按下Ctrl+D取消选区，完成后的效果如下右图所示。

11.1.2 调整外景

完成外景的添加后，可以看到卧室的外景像是贴图的效果，显得很不真实，因此还需要对外景进行曝白调整，使其更加符合白天外景的真实效果。下面将进行详细讲解。

步骤01 在"图层"面板中，复制"背景拷贝"图层，并将其重命名为"外景"。单击"外景"图层，然后执行"图像>调整>曝光度"命令。在弹出的"曝光度"对话框中，设置"曝光度"值为+1.5、"位移"值为+0.05、"灰度系数校正"值为1.00，单击"确定"按钮，如下左图所示。

步骤02 设置完成后，返回绘图区查看图像效果，可以看到外景的曝白度提高了，如下右图所示。

11.1.3 图像整体色彩的调整

调整完外景后，已经有了白天室外的光效以及真实感。但从图像整体来看，曝光不足，画面对比度低，整体色调偏灰。因此，需要对图像整体进行色彩的调整。下面将进行详细讲解。

步骤 01 按下Ctrl+Shift+Alt+E组合键，对图像进行盖印操作，得到"图层 1"，如下左图所示。

步骤 02 在"图层"面板中，单击"图层 1"，再单击"图层"面板下方的"创建新的填充或调整图层"按钮，在打开的下拉列表中选择"亮度/对比度"选项，如下右图所示。

步骤 03 创建"亮度/对比度"图层后，在"属性"面板中设置"亮度"值为75、"对比度"值为17，如下左图所示。

步骤 04 设置完成后，可以看到图像的亮度和对比度都提高了，效果如下右图所示。

步骤 05 在"图层"面板中，单击"图层 1"，再单击"图层"面板下方的"创建新的填充或调整图层"按钮，在打开的下拉列表中选择"色阶"选项。然后在"属性"面板中设置相关参数，对图像的阴影、中间调和高光进行精确调整，如下左图所示。

步骤 06 设置完成后，返回绘图区查看图像效果，如下右图所示。

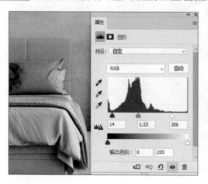

步骤 07 在"图层"面板中,单击"图层1",再单击"图层"面板下方的"创建新的填充或调整图层"按钮 ⊙,在打开的下拉列表中选择"色彩平衡"选项。然后在"属性"面板中,单击"色调"的下拉按钮,选择"阴影"选项,设置参数值分别为-2、0、+1,如下左图所示。此时,图像的阴影部分偏冷色调。

步骤 08 在"属性"面板中,单击"色调"下拉按钮,选择"高光"选项,设置参数值分别为+13、0、-18,如下右图所示。此时,图像的高光部分偏暖色调。

步骤 09 在"图层"面板中,单击"图层1",再单击"图层"面板下方的"创建新的填充或调整图层"按钮 ⊙,在打开的下拉列表中选择"曝光度"选项。然后在"属性"面板中,设置"曝光度"值为+0.52,如下左图所示。

步骤 10 完成上述操作后的图像效果,如下右图所示。

11.1.4 床的调整

对图像进行整体的色彩调整后,接下来再通过相应的调整来增加床的质感,以提升效果图的视觉效果,同时,更加贴近室内日景的真实环境。下面进行详细介绍。

步骤 01 在"图层"面板中,单击"图层1",然后在工具栏中选择快速选择工具,绘制出床的选区,如右图所示。

步骤 02 按下快捷键Ctrl+J，将选区内容复制到新图层。单击"图层"面板下方的"创建新的填充或调整图层"按钮 ◐，在打开的下拉列表中选择"色阶"选项。然后单击"属性"面板下方的"此调整剪切到此图层"按钮 ⬓，设置"色阶"值分别为12、1.29、202，如下左图所示。

步骤 03 调整后的图像效果，如下右图所示。

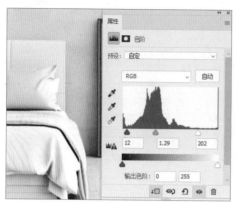

11.1.5 景深的制作

完成上述操作后，接下来为图像制作景深的效果。景深效果可以使图像中的主体部分更加清晰，而背景或其他非主体部分则相对模糊，从而有效地突出主体，使观者的视线更加集中于图像的核心内容。下面进行详细讲解。

步骤 01 按下Ctrl+Shift+Alt+E组合键，盖印所有可见图层，得到"图层 3"，如下左图所示。

步骤 02 执行"滤镜>模糊画廊>光圈模糊"命令，调整圆形聚焦区的大小、位置以及模糊数值，如下右图所示。

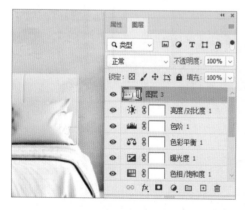
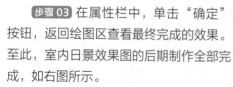

步骤 03 在属性栏中，单击"确定"按钮，返回绘图区查看最终完成的效果。至此，室内日景效果图的后期制作全部完成，如右图所示。

11.2 室内夜景效果后期表现

日景的光线主要来源于自然光，如太阳光，光线明亮且方向性明确。而夜景的光线主要来源于人造光源，如灯光、烛光等，光线柔和且方向性不强。并且，夜景的色彩通常偏冷色调，如蓝色、紫色等，以营造夜晚的宁静氛围。因此在处理夜景时，需要降低色彩饱和度，增加冷色调的比例，同时可以通过添加暖色调的光源来形成冷暖对比，增强画面的层次感。下面对室内夜景后期制作进行详细讲解。

扫码看视频

步骤01 在Photoshop中执行"文件>打开"命令，在弹出的"打开"对话框中，选择"客厅"图像文件，单击"打开"按钮，如下左图所示。

步骤02 打开后的图像效果，如下右图所示。

11.2.1 图像整体色调的调整

打开素材图像后，可以看到室内夜景的亮度太低，没有冷暖对比，缺少层次和空间感，因此需要对图像进行整体的色调调整，以更好地体现夜景效果图中应有的氛围。下面进行详细操作的讲解。

步骤01 在"图层"面板中，单击下方的"创建新的填充或调整图层"按钮，在打开的下拉列表中选择"亮度/对比度"选项，如下左图所示。

步骤02 在"属性"面板中，设置"亮度"值为71、"对比度"值为15，如下右图所示。

步骤03 设置完成后，在绘图区查看图像效果，可以发现图像的亮度和对比度都提高了，如下页左图所示。

步骤04 在"图层"面板中，单击"背景"图层，再单击"图层"面板下方的"创建新的填充或调整图层"按钮，在打开的下拉列表中选择"色阶"选项。然后在"属性"面板中，设置"色阶"值分别为0、1.04、203，如下页右图所示。

步骤 05 在"图层"面板中，单击"背景"图层，再单击"图层"面板下方的"创建新的填充或调整图层"按钮 ，在打开的下拉列表中选择"色彩平衡"选项。然后在"属性"面板中，单击"色调"下拉按钮，选择"阴影"选项，设置参数值分别为-6、0、+5，如下左图所示。此时，图像的阴影部分偏冷色调。

步骤 06 在"属性"面板中，单击"色调"下拉按钮，选择"高光"选项，设置参数值分别为+13、0、-30，如下右图所示。此时，图像的高光部分偏暖色调。

步骤 07 完成上述操作后的图像效果，如下图所示。

11.2.2　沙发颜色的调整

　　完成图像整体的色调调整后，可以加入更丰富的冷暖色对比，使图像画面更具有夜晚宁静的氛围感。接下来将进行沙发颜色的调整，以下是详细的操作讲解。

步骤 01 使用对象选择工具和快速选择工具，绘制出沙发的选区，如下左图所示。

步骤 02 在"图层"面板中，解锁"背景"图层。按下快捷键Ctrl+J，将选区内容复制到新图层，即可完成沙发的抠取，如下右图所示。

步骤 03 在"图层"面板中，单击"图层 1"，再单击"图层"面板下方的"创建新的填充或调整图层"按钮 ◙，在打开的下拉列表中选择"色相/饱和度"选项。然后在"属性"面板中，单击下方的"此调整剪切到此图层"按钮 ◙，设置"色相、饱和度、明度"的值分别为+120、+15、+11，如下左图所示。

步骤 04 设置完成后，可以看到沙发的颜色已经变了，如下右图所示。

步骤 05 在"图层"面板中，单击"图层 1"，再单击"图层"面板下方的"创建新的填充或调整图层"按钮 ◙，在打开的下拉列表中选择"色阶"选项。然后在"属性"面板中，单击下方的"此调整剪切到此图层"按钮 ◙，设置"色阶"值分别为0、0.86、201，使得调整后的沙发更好地与室内环境相融合，如下左图所示。

步骤 06 沙发调整后的最终效果，如下右图所示。

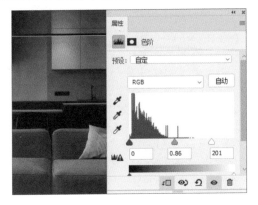

11.2.3 氛围的制作

完成图像的色调调整以及沙发颜色的调整后，接下来进行室内夜景氛围的效果制作，以使效果图更加真实且具有层次感，并且突出画面中心。下面将进行详细介绍。

步骤 01 在"图层"面板中，单击"背景"图层，然后在工具栏中选择套索工具，并在属性栏中设置"羽化"值为100，随后绘制出视觉中心的选区，如下左图所示。

步骤 02 按下快捷键Ctrl+J，将选区内容复制到新图层，得到"图层 2"，如下右图所示。

步骤 03 在"图层"面板中，单击"图层 2"，再单击"图层"面板下方的"创建新的填充或调整图层"按钮 ◢，在打开的下拉列表中选择"色彩平衡"选项。然后在"属性"面板中，单击下方的"此调整剪切到此图层"按钮 ◢，再单击"属性"面板中"色调"的下拉按钮，选择"阴影"选项并设置相关参数，如右图所示。

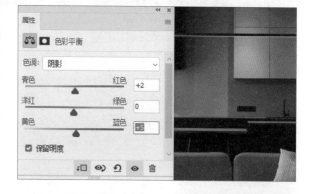

步骤 04 单击"属性"面板中"色调"的下拉按钮，选择"中间调"选项并设置相关参数，如右图所示。

步骤 05 单击"属性"面板中"色调"的下拉按钮，选择"高光"选项并设置参数，如下页左图所示。

步骤 06 设置完成后，可以发现画面中心更加突出了，冷暖对比也更加强烈了，如下页右图所示。

步骤 07 在"图层"面板中，新建一个空白图层"图层 3"。选中"图层 3"，在工具栏中选择椭圆选框工具，框选选区，如下左图所示。

步骤 08 按下Ctrl+Shift+I组合键，反选选区，如下右图所示。

步骤 09 设置前景色为黑色，按下快捷键Alt+Delete填充前景色，并适当降低"图层 3"的不透明度。至此，室内夜景效果的后期制作就全部完成了，最终效果如下图所示。

附录 课后练习答案

第2章

一、选择题

（1）B　（2）AC　（3）ABC

二、填空题

（1）文件>打开为

（2）基本功能（默认）；3D；图形和Web；动感；
　　绘画；摄影

（3）窗口

第3章

一、选择题

（1）A　（2）ABCD　（3）D

二、填空题

（1）X

（2）图像大小；画布大小

（3）Alt

第4章

一、选择题

（1）B　（2）AC　（3）D

二、填空题

（1）锁定全部

（2）斜面与浮雕；描边；内阴影；内发光；光泽；
　　颜色叠加；渐变叠加；图案叠加；外发光；投影

（3）色彩范围

第5章

一、选择题

（1）B　（2）C　（3）A　（4）ABC

二、填空题

（1）RGB

（2）自动色调；自动对比度；自动颜色

（3）减淡工具；加深工具；海绵工具

第6章

一、选择题

（1）A　（2）C　（3）C　（4）AD

二、填空题

（1）图层蒙版；剪贴蒙版；矢量蒙版

（2）Alt

（3）颜色通道；Alpha通道；专色通道

第7章

一、选择题

（1）D　（2）B　（3）ABC　（4）A

二、填空题

（1）修补

（2）移动；复制

（3）蓝天；盛景；日落

第8章

一、选择题

（1）D　（2）B　（3）B　（4）C

二、填空题

（1）模糊

（2）位图；索引

（3）智能滤镜